MES FICHES POUR LE BREVET

W0248483

Mathématiques

NOUVEAU BREVET

3e

Cédric Gouygou
Gilles Lassus

Nathan

Sommaire

Lue / Relue / Apprise

Méthodologie

Nombres et calculs

Calcul numérique

Calcul littéral

Arithmétique

Racines carrées

Équations et inéquations

Systèmes

© Nathan 2012, 25 avenue Pierre-de-Coubertin, 75013 Paris
ISBN : 978-2-09-188467-7

© Nathan 2012 – Mes fiches ABC

Sommaire

Fonctions

Lue / Relue / Apprise

Notions

Fonctions linéaires et affines

Géométrie

Théorème de Thalès

Théorème de Pythagore

Trigonométrie

Sommaire

© Nathan 2012 – Mes fiches ABC

Réussir l'épreuve du Brevet

1

L'épreuve de mathématiques dure 2 heures. Elle est notée sur 40 points, et compte avec le coefficient 2. Le contrôle continu (moyenne des notes de l'année de 3e) compte avec le coefficient 1.

1 Composition de l'épreuve

Les 40 points de l'épreuve se répartissent ainsi :

- **Présentation de la copie**, clarté du raisonnement, maîtrise de la langue : **4 points**

- **Exercices indépendants** (entre 6 et 10) **: 36 points**
Chaque exercice est noté entre 3 et 8 points. Ces exercices doivent évaluer de manière équilibrée la capacité du candidat à :
– rechercher, extraire et organiser l'information utile ;
– mesurer, calculer, appliquer des consignes ;
– modéliser, conjecturer, raisonner et démontrer ;
– argumenter et présenter les résultats à l'aide d'un langage adapté.
Au moins un exercice est un exercice de **recherche**, exigeant une prise d'initiative de la part du candidat.

2 Conseils pour la réussite

A Détails pratiques

- La calculatrice et tout le matériel classique de géométrie (équerre, compas, rapporteur. . .) sont autorisés.

- Lisez l'énoncé intégralement dès la remise du sujet. Vous aurez un aperçu des notions abordées. N'hésitez pas alors à commencer par un exercice qui vous plaît : cela vous mettra en confiance.

- Regardez attentivement le barème de chaque exercice : inutile de perdre beaucoup de temps sur un exercice ne rapportant que 3 points.

> **Conseil**
> Lisez tout l'énoncé d'un exercice avant de le commencer. Parfois, la réponse à une question se trouve dans une des questions suivantes !

- Si vous n'arrivez pas à faire une question, ne sautez pas l'exercice pour autant ! Passez aux questions suivantes : vous avez le droit d'utiliser les résutats que vous auriez dû trouver à la question sautée.

- Après chaque exercice, faites une pause d'une ou deux minutes avant de vous relire, en essayant d'avoir un œil nouveau. Vous limiterez ainsi les erreurs d'étourderie, très fréquentes.

B Assurer les 4 points de présentation

- Soignez votre écriture et la présentation des résultats. Numérotez bien les questions, sautez des lignes, aérez votre copie : elle doit être très lisible. En cas d'erreur sur plusieurs lignes, rayez proprement votre copie.

- Justifiez vos résultats. Toutes les étapes de votre raisonnement doivent apparaître, les théorèmes utilisés doivent être cités, et leurs conditions d'application vérifiées. Ne vous focalisez pas sur le résultat : particulièrement en géométrie, la méthode employée compte plus que le résultat final.

C Ce qui est attendu par les correcteurs

- **Triez les informations.** Certains exercices peuvent comporter des documents (captures d'écran, brochures touristiques...) qu'il faut exploiter : l'élève doit alors montrer qu'il est capable d'aller chercher la bonne information au milieu d'autres informations parasites.

- **Prenez du recul sur vos résultats.** Beaucoup d'exerices prennent appui sur des situations de la vie courante : veillez donc à interpréter vos résultats concrètement. Ayez confiance en votre bon sens : une personne ne peut pas être âgée de 352 ans, un mur de salle de bains ne peut pas mesurer 1 563 m^2 ! Si vous ne voyez pas votre erreur, n'hésitez pas à écrire une phrase pour signaler que vous vous êtes aperçu que quelque chose n'allait pas, mais que vous n'arrivez pas à le corriger.

D Réviser grâce à cet ouvrage

- Tout au long de l'année, ce livre est un complément idéal au cours de votre professeur. Vous y retrouverez toutes les notions que vous travaillez en classe. Les exercices d'applications présentés ici sont assez simples, mais vous permettront de savoir si vous avez compris les notions abordées.

- Quelques semaines avant le Brevet, utilisez cet ouvrage pour vous « rafraîchir la mémoire » et réactiver certains savoir-faire oubliés.

- Enfin, nous vous conseillons de vous entraîner à résoudre des sujets des années précédentes, et à vous référer à ce livre lorsque des difficultés surviennent : chaque fiche a été conçue pour répondre à une question mathématique précise.

© Nathan 2012 – Mes fiches ABC

Calculer avec des fractions

2

Lue Relue Apprise

1 L'essentiel du cours

A Les opérations élémentaires

- **Opérations prioritaires :** Dans un calcul, on commence toujours par les parenthèses les plus intérieures (s'il y en a), puis par les multiplications et les divisions. Enfin, on effectue les additions et les soustractions.

- **Simplification d'une fraction** : $\frac{a \times \not{k}}{b \times \not{k}} = \frac{a}{b}$

- **Addition ou soustraction de fractions** :

$$\frac{a}{b} + \frac{c}{b} = \frac{a+c}{b}$$

On ne peut ajouter (ou soustraire) des fractions que si elles ont le même dénominateur.

Exemple : $\frac{-3}{7} + \frac{1}{14} = \frac{-6}{14} + \frac{1}{14} = \frac{-6+1}{14} = \frac{-5}{14}$

Attention

On est parfois obligé de mettre d'abord les fractions au même dénominateur.

- **Multiplication de fractions** : $\frac{a}{b} \times \frac{c}{d} = \frac{a \times c}{b \times d}$

Il suffit de multiplier les numérateurs entre eux et les dénominateurs entre eux.

Exemple : $\frac{4}{9} \times \frac{21}{6} = \frac{\not{2} \times 2 \times \not{3} \times 7}{3 \times \not{3} \times \not{2} \times 3} = \frac{14}{9}$

Aide

Penser à décomposer les nombres pour faire apparaître les simplifications.

- **Division de fractions** : $\frac{a}{b} \div \frac{c}{d} = \frac{a}{b} \times \frac{d}{c} = \frac{a \times d}{b \times c}$

Exemple : $\frac{12}{5} \div \frac{6}{7} = \frac{12}{5} \times \frac{7}{6} = \frac{2 \times \not{6} \times 7}{5 \times \not{6}} = \frac{14}{5}$

Aide

Diviser par une fraction, c'est multiplier par son inverse.

B Les cas particuliers

- **Addition d'une fraction et d'un entier** : il faut mettre l'entier sous forme de fraction.

Exemple : $3 + \frac{-4}{5} = \frac{3}{1} + \frac{-4}{5} = \frac{15}{5} + \frac{-4}{5} = \frac{11}{5}$

- **Multiplication d'une fraction et d'un entier** : on multiplie seulement le numérateur.

Exemple : $6 \times \frac{5}{7} = \frac{6 \times 5}{7} = \frac{30}{7}$

Attention

Une erreur fréquente est de multiplier le numérateur et le dénominateur : ceci est faux car la valeur de la fraction reste la même : $\frac{1}{2} = \frac{3}{6}$

2 Application

EXO 1 Calculer $A = \frac{4}{5} + \frac{28}{5} \times \frac{10}{21}$

Solution

$A = \frac{4}{5} + \frac{28}{5} \times \frac{10}{21}$

$= \frac{4}{5} + \frac{28 \times 10}{5 \times 21}$

Observer les différentes opérations qui composent le calcul : pas de parenthèses, mais une addition et une multiplication.
Commencer donc par la multiplication.

$= \frac{4}{5} + \frac{4 \times \cancel{7} \times 2 \times \cancel{5}}{\cancel{5} \times 3 \times \cancel{7}}$

Penser à décomposer les produits pour faire apparaître les simplifications.

$= \frac{4}{5} + \frac{8}{3}$

$= \frac{4 \times 3}{5 \times 3} + \frac{8 \times 5}{3 \times 5}$

Mettre ces deux fractions au même dénominateur avant de les ajouter.

$= \frac{12}{15} + \frac{40}{15} = \boxed{\frac{52}{15}}$

S'assurer que la fraction finale est présentée sous forme irréductible.

Mémo'Quiz

1. Les fractions $\frac{2}{3}$ et $\frac{14}{21}$ sont égales. ❏ Vrai ❏ Faux
2. Pour multiplier deux fractions, elles doivent avoir le même dénominateur. ❏ Vrai ❏ Faux
3. L'expression $\frac{-4}{3} \times \frac{5}{8}$ est égale à $\frac{-5}{6}$ ❏ Vrai ❏ Faux
4. L'expression $6 + \frac{1}{7}$ est égale à 1. ❏ Vrai ❏ Faux
5. Le double de la fraction $\frac{3}{5}$ est égal à $\frac{6}{10}$ ❏ Vrai ❏ Faux

➜ corrigés p. 95

© Nathan 2012 – Mes fiches ABC

Calculer avec des puissances

3

Lue Relue Apprise

1 L'essentiel du cours

A Puissance d'un nombre

Dans toute la suite, a est un nombre différent de 0 et n et p des nombres entiers positifs.

Définitions : • $a^n = \underbrace{a \times a \times \ldots \times a}_{n \text{ fois le nombre } a}$ • $a^0 = 1$

Vocabulaire

a^n se lit « a puissance n ». Le nombre n s'appelle l'exposant.

Exemples : $(-5)^2 = (-5) \times (-5) = 25$
$-5^2 = -5 \times 5 = -25$
$7^0 = 1$

Définition : • $a^{-n} = \frac{1}{a^n}$

Exemples : $3^{-2} = \frac{1}{3^2} = \frac{1}{9}$; $\frac{1}{4^{-2}} = 4^{-(-2)} = 4^2 = 16$

Remarque : $a^{-1} = \frac{1}{a}$, donc a^{-1} est l'inverse de a.

B Opérations sur les puissances

- **Produit de deux puissances d'un même nombre :**

$$a^n \times a^p = a^{n+p}$$

Exemple : $5^3 \times 5^4 = 5^{3+4} = 5^7$

Attention

Aucune formule identique n'existe pour l'addition ou la soustraction.

- **Quotient de deux puissances d'un même nombre :**

$$\frac{a^n}{a^p} = a^{n-p}$$

Exemple : $\frac{2^7}{2^3} = 2^{7-3} = 2^4$

- **Puissance d'une puissance :** $(a^n)^p = a^{n \times p}$

Exemple : $(3^{-2})^4 = 3^{-2 \times 4} = 3^{-8}$

- **Produit de deux nombres de même puissance :**

$$a^n \times b^n = (a \times b)^n$$

Exemple : $2^3 \times 5^3 = (2 \times 5)^3 = 10^3$

Attention

Avant d'appliquer cette formule, bien vérifier que les exposants sont les mêmes.

Remarque : Pour calculer 3^5 avec une calculatrice, on tape [3] [^] [5] ou bien [3] [x^y] [5]

2 Applications

EXO 1 Simplifier l'expression suivante : $A = 2^5 \times 2^{-4} \times 2^3$

Solution

$$A = 2^5 \times 2^{-4} \times 2^3 = 2^{5+(-4)+3} = 2^4$$

Il n'y a que des puissances de 2 dans le calcul : on applique la formule du produit de puissances.

EXO 2 Simplifier l'expression suivante : $B = \dfrac{3^5 \times 2^{-3}}{2 \times 3^2}$

Solution

$$B = \frac{3^5 \times 2^{-3}}{2 \times 3^2}$$

$$= \frac{3^5 \times 2^{-3}}{2^1 \times 3^2} = \frac{3^5}{3^2} \times \frac{2^{-3}}{2^1}$$

$$= 3^{5-2} \times 2^{-3-1}$$

$$= 3^3 \times 2^{-4}$$

- Appliquer la formule du quotient de puissances.
- Ne pas oublier que 2 s'écrit 2^1.
- Plus aucune simplification n'est possible.

EXO 3 Simplifier l'expression suivante : $C = (7^2)^{-3} \times \dfrac{1}{21}$

Solution

$$C = (7^2)^{-3} \times \frac{1}{21}$$

$$= 7^{2 \times (-3)} \times \frac{1}{21}$$

$$= 7^{-6} \times \frac{1}{7 \times 3}$$

$$= 7^{-6} \times 7^{-1} \times 3^{-1}$$

$$= 7^{-7} \times 3^{-1}$$

- Appliquer la formule d'une puissance de puissance.
- Décomposer 21 en 7×3.
- Ne pas oublier que $\frac{1}{7} = 7^{-1}$.
- Plus aucune simplification n'est possible.

Mémo'Quiz

1. $\dfrac{1}{4^{-5}}$ est égal à :	❑ -4^5	❑ 4^5	❑ 4^{-4}
2. $3^2 \times 25$ est égal à :	❑ 15^2	❑ 75^2	❑ 9^7
3. $(-1)^{15}$ est égal à :	❑ -15	❑ 1	❑ -1
4. $4^3 + 5^3$ est égal à :	❑ 9^3	❑ 189	❑ 9^6

→ corrigés p. 95

© Nathan 2012 – Mes fiches ABC

Donner l'écriture scientifique d'un nombre

4

Lue Relue Apprise

1 L'essentiel du cours

A Les puissances de 10

Les puissances de 10 permettent d'écrire facilement les très grands nombres, tout comme les très petits nombres.

Exemples : un milliard = 10^9 = 1 000 000 000
un millième = 10^{-3} = 0,001

Puissances d'exposant positif	Puissances d'exposant négatif
$10^0 = 1$	$10^0 = 1$
$10^1 = 10$ → 1 suivi de 1 zéro	$10^{-1} = 0{,}1$ → 1 précédé de 1 zéro
$10^2 = 100$ → 1 suivi de 2 zéros	$10^{-2} = 0{,}01$ → 1 précédé de 2 zéros
....	....
$10^n = 1\underbrace{0\ldots0}_{n \text{ zéros}}$ → 1 suivi de n zéros	$10^{-n} = \underbrace{0{,}0\ldots0}_{n \text{ zéros}}1$ → 1 précédé de n zéros

B Écriture scientifique d'un nombre

Définition : Un nombre est écrit en écriture scientifique s'il est présenté sous la forme : $a \times 10^n$, où :
- a est un nombre décimal compris entre 1 (inclus) et 10 (exclus)
- a est éventuellement précédé d'un signe –
- n est un nombre entier (positif ou négatif).

Attention
Bien noter que a est inférieur à 10, et qu'il peut être éventuellement précédé d'un signe –.

Exemples : $1{,}5 \times 10^{-4}$ est une écriture scientifique.
$0{,}325 \times 10^7$ n'est pas une écriture scientifique (0,325 n'est pas compris entre 1 et 10).
$-9{,}758 \times 10^8$ est une écriture scientifique.

C Donner l'écriture scientifique d'un nombre

- Écrivons le nombre 0,00653 en écriture scientifique :

1. Le nombre a devant être compris entre 1 et 10, il vaut forcement 6,53.

2. Cherchons donc le nombre n tel que $0{,}00653 = 6{,}53 \times 10^n$: **observons de combien de rangs la virgule a été décalée** : le décalage est de 3 rangs vers la droite, donc $n = -3$.

3. On obtient donc $0{,}00653 = 6{,}53 \times 10^{-3}$.

Aide
Décalage vers la droite → –
Décalage vers la gauche → +

2 Applications

EXO 1 Donner l'écriture scientifique de : $A = 2 \times 10^{-6} \times 6 \times 10^{3}$

Solution

$A = 2 \times 10^{-6} \times 6 \times 10^{3}$
$= 12 \times 10^{(-6)+3}$
$= 12 \times 10^{-3}$
$= 1{,}2 \times 10 \times 10^{-3}$
$= 1{,}2 \times 10^{1-3}$
$= 1{,}2 \times 10^{-2}$

- Regrouper les puissances de 10.
- Attention, 12×10^{-3} n'est pas une écriture scientifique, à cause du nombre 12. Il faut donc la transformer en écrivant $12 = 1{,}2 \times 10$.

EXO 2 Donner l'écriture scientifique de : $B = \dfrac{6 \times 10^{-7} \times 15 \times 10^{11}}{8 \times (10^{2})^{4}}$

Solution

$B = \dfrac{6 \times 10^{-7} \times 15 \times 10^{11}}{8 \times (10^{2})^{4}}$

Regrouper les puissances de 10, en utilisant les formules sur les puissances.

$= \dfrac{3 \times \not{2} \times 15 \times 10^{4}}{4 \times \not{2} \times 10^{8}}$

Les décompositions permettent de simplifier les calculs

$= \dfrac{45}{4} \times 10^{4-8}$

$= \dfrac{45}{4} \times 10^{-4}$

$= 11{,}25 \times 10^{-4}$

Ceci n'est pas encore l'écriture scientifique, à cause de 11,25.

$= 1{,}125 \times 10 \times 10^{-4}$
$= 1{,}125 \times 10^{-3}$

Mémo'Quiz

1. $0{,}12 \times 10^{4}$ n'est pas une écriture scientifique. ❑ Vrai ❑ Faux
2. 3×10^{-4} est un nombre supérieur à 2×10^{1}. ❑ Vrai ❑ Faux
3. La distance de la Terre au Soleil est environ $1{,}49 \times 10^{-8}$ km. ❑ Vrai ❑ Faux
4. L'écriture scientifique de $0{,}01354 \times 10^{-10}$ est $1{,}354 \times 10^{-8}$ ❑ Vrai ❑ Faux

→ corrigés p. 95

© Nathan 2012 – Mes fiches ABC

Développer une expression

Lue Relue Apprise

5

1 L'essentiel du cours

A Somme ou produit ?

- Une expression littérale est une **somme** si la dernière opération à faire est une addition.
- Une expression littérale est un **produit** si la dernière opération à faire est une multiplication.

Exemples : $4x - 3$ est une somme.
$x(3x + 1)$ est un produit.

Aide
L'ordre des opérations est donné par la règle des **priorités opératoires.**

Définition : Développer un produit, c'est le transformer en somme.
On utilise la distributivité de la multiplication par rapport à l'addition.

B Développement simple

- Pour tous nombres a, b et k :

$$k \times (a + b) = k \times a + k \times b$$

Exemples : $3 \times (x + 2) = 3 \times x + 3 \times 2 = 3x + 6$
$x \times (2x - 5) = x \times 2x + x \times (-5) = 2x^2 - 5x$

Attention
Les nombres a, b et k peuvent être négatifs.

Règle des signes
+ × + = +
+ × − = −
− × + = −
− × − = +

C Développement double

- Pour tous nombres a, b, c et d :

$$(a + b) \times (c + d) = a \times c + a \times d + b \times c + b \times d$$

Attention
Les nombres a, b, c et d peuvent être négatifs.

Remarque : Le symbole × ne s'écrit pas systématiquement devant une parenthèse.

Exemples :

$$(x + 2)(3x + 5) = x \times 3x + x \times 5 + 2 \times 3x + 2 \times 5$$
$$= 3x^2 + 5x + 6x + 10$$
$$= 3x^2 + 11x + 10$$

$$(3y - 1)(2y - 3) = 3y \times 2y + 3y \times (-3) + (-1) \times 2y + (-1) \times (-3)$$
$$= 6y^2 - 9y - 2y + 3$$
$$= 6y^2 - 11y + 3$$

Aide
Penser à réduire l'expression en regroupant les termes de même espèce.

2 Applications

EXO 1 **Calculer sans calculatrice, en écrivant les étapes : $A = 8 \times 13$**
$B = 19 \times 12$

Solutions

$A = 8 \times (10 + 3)$
$= 8 \times 10 + 8 \times 3$
$= 80 + 24$
$= 104$

$B = (20 - 1) \times 12$
$= 20 \times 12 - 1 \times 12$
$= 240 - 12$
$= 228$

- Commencer par décomposer l'un des nombres en une somme (calcul *A*) ou une différence (calcul B) de deux nombres plus « simples ».
- Puis développer, en faisant attention aux signes et au facteur à distribuer qui peut se trouver « à droite » (calcul *B*).
- Procéder ainsi pour calculer mentalement et rapidement.

EXO 2 **Développer et réduire l'expression :**
$C = (5x - 1)(2x + 7) - 3x(x + 4)$

Solution

$C = 5x \times 2x + 5x \times 7 + (-1) \times 2x + (-1) \times 7 + (-3x) \times x + (-3x) \times 4$
$= 10x^2 + 35x - 2x - 7 - 3x^2 - 12x$
$= 10x^2 - 3x^2 + 35x - 2x - 12x - 7$
$= 7x^2 + 21x - 7$

- Repérer qu'il y a **deux** produits dans cette expression, qu'il faut développer séparément.
- Bien remarquer que dans le deuxième produit, c'est $-3x$ qu'il faut distribuer.
- Penser à effectuer d'abord les multiplications.
- Regrouper les termes de même espèce pour réduire l'expression.

Mémo'Quiz

1. $3(x - 5) = \dots$	❑ $3x - 5$	❑ $x - 15$	❑ $3x - 15$
2. $-5(2x - 1) = \dots$	❑ $-10x + 5$	❑ $10x - 1$	❑ $-10x - 5$
3. $(3t + 1)(t - 5) = \dots$	❑ $3t^2 - 5$	❑ $3t^2 - 16t + 5$	❑ $3t^2 - 14t - 5$
4. $(2 - z)(z + 5) = \dots$	❑ $-3z$	❑ $-z^2 + 3z - 10$	❑ $-z^2 - 3z + 10$
5. $(n + 1)(n - 1) - n^2 = \dots$	❑ $2n^2$	❑ -1	❑ $2n$

→ corrigés p. 95

© Nathan 2012 – Mes fiches ABC

Factoriser une expression

6

Lue Relue Apprise

1 L'essentiel du cours

Définition : Factoriser une somme, c'est la transformer en produit.
Pour cela, on utilise la distributivité de la multiplication par rapport à l'addition.

- Pour tous nombres a, b et k :

$$\mathbf{k} \times a + \mathbf{k} \times b = \mathbf{k} \times (a + b)$$

Exemples :

$\mathbf{3} \times 5 + \mathbf{3} \times x = \mathbf{3} \times (5 + x)$

$\mathbf{2} \times y - \mathbf{2} \times 7 = \mathbf{2} \times (y - 7)$

Aide
C'est la même formule que pour développer, mais dans l'autre sens.

Attention
Les nombres k, a et b peuvent être négatifs.

Remarque : Le nombre k est appelé **facteur commun**. On ne peut factoriser que s'il y en a un !

Aide
Il faut commencer par le repérer, ou le faire apparaître.

2 Applications

EXO 1 **Calculer sans calculatrice : $A = 13 \times 7 + 13 \times 3$ et $B = 15 \times 14 - 15 \times 2 + 8 \times 15$**

Solutions

$A = \mathbf{13} \times 7 + \mathbf{13} \times 3$
$= \mathbf{13} \times (7 + 3)$
$= 13 \times 10 = 130$

$B = \mathbf{15} \times 14 - \mathbf{15} \times 2 + 8 \times \mathbf{15}$
$= \mathbf{15} \times (14 - 2 + 8)$
$= 15 \times 20 = 300$

- Repérer le facteur commun.
- Utiliser la formule, en plaçant le facteur commun en multiplication devant la parenthèse.
- Regrouper les facteurs restants entre parenthèses en faisant attention aux signes, puis calculer.

EXO 2 **Factoriser les expressions : $C = 3x - 15$ et $D = -2x^2 + 5x$**

Solutions

$C = 3x - 15$
$= \mathbf{3} \times x - \mathbf{3} \times 5$
$= \mathbf{3} \times (x - 5)$

$D = -2x^2 + 5x$
$= -2 \times \boldsymbol{x} \times x + 5 \times \boldsymbol{x}$
$= \boldsymbol{x} \times (-2x + 5)$

- Commencer par décomposer les produits pour faire apparaître un facteur commun.
- Puis utiliser la formule.
- Bien faire attention aux signes.

EXO 3 Factoriser l'expression : $E = 3x(x + 1) - (2x - 5)(x + 1)$

Solution

$$\begin{aligned} E &= 3x(x + 1) - (2x - 5)(x + 1) \\ &= (x + 1) \times (3x - (2x - 5)) \\ &= (x + 1) \times (3x - 2x + 5) \\ &= (x + 1)(x + 5) \end{aligned}$$

- Observer que le facteur commun peut être parfois une expression entre parenthèses plus complexe.
- Bien faire attention aux signes lors de la réduction.

EXO 4 **Carrés**

Factoriser l'expression : $F = (2x - 1)^2 + (x - 4)(2x - 1)$

Solution

$$\begin{aligned} F &= (2x - 1)^2 + (x - 4)(2x - 1) \\ &= (2x - 1)(2x - 1) + (x - 4)(2x - 1) \\ &= (2x - 1)((2x - 1) + (x - 4)) \\ &= (2x - 1)(2x - 1 + x - 4) \\ &= (2x - 1)(3x - 5) \end{aligned}$$

- Commencer par décomposer le carré comme le produit de l'expression entre parenthèses par elle-même.
- Repérer ensuite le facteur commun, puis factoriser.

EXO 5 **Le coup du 1 !**

Factoriser les expressions : $G = x^2 + x$ et $H = (4x - 1)(x + 6) - (4x - 1)$

Solution

$$\begin{aligned} G &= x^2 + x \\ &= x \times x + x \times \mathbf{1} \\ &= x \times (x + 1) \end{aligned}$$

$$\begin{aligned} H &= (4x - 1)(x + 6) - (4x - 1) \\ &= (4x - 1)(x + 6) - (4x - 1) \times \mathbf{1} \\ &= (4x - 1)((x + 6) - 1) \\ &= (4x - 1)(x + 6 - 1) \\ &= (4x - 1)(x + 5) \end{aligned}$$

Ne pas oublier ce × **1** lorsque la totalité d'un des termes est le facteur commun !

Mémo'Quiz

1. $27 + 9x = 9(3 + x)$ ❑ Vrai ❑ Faux
2. $-3x - 21 = -3(x - 7)$ ❑ Vrai ❑ Faux
3. $x^3 + 2x^2 - 3x = x(x^2 + 2x - 3)$ ❑ Vrai ❑ Faux
4. $(x + 2)(3 - x) + (x + 2)(2x - 4) = (x + 2)(x - 1)$ ❑ Vrai ❑ Faux
5. $(3x - 5)^2 + (3x - 5)(2x + 7) = (3x - 5)(2x + 7)$ ❑ Vrai ❑ Faux

→ corrigés p. 95

© Nathan 2012 – Mes fiches ABC

Utiliser des identités remarquables

7

Lue Relue Apprise

1 L'essentiel du cours

- Pour tous nombres a et b on dispose des trois identités (ou égalités) suivantes :

$(a + b)^2 = a^2 + 2ab + b^2$ (forme 1)
$(a - b)^2 = a^2 - 2ab + b^2$ (forme 2)
$(a + b)(a - b) = a^2 - b^2$ (forme 3)

Aide

On les appelle « remarquables » car il faut les remarquer dans les calculs pour les faciliter ou les effectuer plus rapidement.

$2ab = 2 \times a \times b$.

2 Application : développer avec une identité remarquable

Exemples : $(x + 3)^2 = x^2 + 2 \times x \times 3 + 3^2$
$= x^2 + 6x + 9$

$(2y - 5)^2 = (2y)^2 - 2 \times 2y \times 5 + 5^2$
$= 4y^2 - 20y + 25$

$(3z + 2)(3z - 2) = (3z)^2 - 2^2$
$= 9z^2 - 4$

Aide

On remplace a et b par les valeurs données dans la formule, puis on réduit. Lorsque a ou b est un produit, comme ici $2y$ ou $3z$, ne pas oublier les parenthèses pour calculer le carré.

EXO 1 Calculer sans calculatrice : $A = 102^2$ et $B = 19^2$

Solution

$A = (100 + 2)^2$
$= 100^2 + 2 \times 100 \times 2 + 2^2$
$= 10\,000 + 400 + 4 = 10\,404$

$B = (20 - 1)^2$
$= 20^2 - 2 \times 20 \times 1 + 1^2$
$= 400 - 40 + 1 = 361$

- Commencer par faire apparaître l'identité remarquable en décomposant le nombre comme une somme (pour A) ou une différence (pour B) de nombres plus simples à manipuler.
- Appliquer ensuite la bonne formule (forme 1 ou 2), qu'on reconnaît grâce au signe dans la parenthèse.

EXO 2 Développer et réduire l'expression : $C = (7x + 9)(7x - 9)$

Solution

$C = (7x + 9)(7x - 9)$
$= (7x)^2 - 9^2$
$= 49x^2 - 81$

- S'assurer qu'on a bien les deux **mêmes** nombres pour utiliser la forme 3.
- Ne pas oublier de mettre $7x$ entre parenthèses, puis calculer son carré.

3 Application : factoriser avec une identité remarquable

EXO 3 Factoriser à l'aide d'une identité remarquable :

$D = x^2 - 8x + 16$ $\quad E = 4x^2 - 49$ $\quad F = 9x^2 + 12x + 4$

Solutions

$D = x^2 - 8x + 4^2$
$= x^2 - 2 \times x \times 4 + 4^2$
$= (x - 2)^2$

$E = (2x)^2 - 7^2$
$= (2x + 7)(2x - 7)$

$F = (3x)^2 + 12x + 2^2$
$= (3x)^2 + 2 \times 3x \times 2 + 2^2$
$= (3x + 2)^2$

- Commencer par reconnaître l'identité remarquable : nombre de termes, signes.
D : 3 termes, $-8x$ → **forme 2**.
E : 2 termes, soustraction → **forme 3**.
F : 3 termes, $+12x$ → **forme 1**.
- Trouver a et b en identifiant les carrés : on transforme si besoin des nombres en carrés, comme $16 = 4^2$ et $4x^2 = (2x)^2$.
- Factoriser en remplaçant a et b dans l'identité remarquable par les valeurs trouvées.

EXO 4 Factoriser à l'aide d'une identité remarquable, si possible :

$G = x^2 - 3x + 9$ $\quad H = x^2 + x + \frac{1}{4}$

Solutions

$G = x^2 - 3x + 3^2$

$H = x^2 + x + \left(\frac{1}{2}\right)^2$
$= x^2 + 2 \times x \times + \frac{1}{2} + \left(\frac{1}{2}\right)^2$
$= \left(x + \frac{1}{2}\right)^2$

- G : Reconnaître la **forme 2**, avec $9 = 3^2$. Mais $3x \neq 2 \times x \times 3$. On ne peut donc pas factoriser cette expression.
- H : Transformer $\frac{1}{4}$ en $\left(\frac{1}{2}\right)^2$, puis penser à écrire $x = 1 \times x = 2 \times \frac{1}{2} \times x$.

Mémo'Quiz

Compléter pour que l'égalité soit vraie :

1. $(x + 5)^2 = x^2 + \ldots + 25$	❑ $5x$	❑ $25x$	❑ $10x$
2. $(3x - 2)(3x + 2) = \ldots - 4$	❑ $3x^2$	❑ $9x^2$	❑ $9x$
3. $(5y - 1)^2 = 25y^2 \ldots 10y \ldots 1$	❑ + et −	❑ − et +	❑ − et −
4. $4x^2 + 12x + 9 = (\ldots + 3)^2$	❑ $4x$	❑ $2x^2$	❑ $2x$
5. $x^2 - 36 = (x - \ldots)(x + \ldots)$	❑ 18	❑ 6	❑ 36

→ corrigés p. 95

© Nathan 2012 – Mes fiches ABC

Calculer le PGCD de deux nombres

8

☐ Lue ☐ Relue ☐ Apprise

1 L'essentiel du cours

A Diviseur d'un nombre

Définition : On dit que le nombre entier a est un diviseur du nombre entier b si le quotient de b par a est un nombre entier.

Exemples : 7 est un diviseur de 35 car $35 \div 7 = 5$
4 n'est pas un diviseur de 18 car $18 \div 4 = 4{,}5$

B Diviseur de deux nombres – PGCD

Définition : On appelle PGCD (Plus Grand Commun Diviseur) de a et de b le plus grand nombre qui divise à la fois a et b. On note ce nombre **PGCD(a ; b)**.

Exemple : 12 est un diviseur commun à 36 et 24 (car $36 \div 12 = 3$ et $24 \div 12 = 2$) et il n'en existe pas de plus grand.
Donc PGCD(36 ; 24) = 12.

Vocabulaire

Si deux nombres ont un PGCD égal à 1, on dit qu'ils sont **premiers entre eux.**

C Calculer le PGCD de deux nombres : l'algorithme d'Euclide

L'algorithme d'Euclide, basé sur la division euclidienne, est la méthode la plus rapide pour calculer le PGCD de deux nombres.

- **Division euclidienne :** c'est la division « avec reste », telle qu'on la pratique à l'école primaire.

Faire la division euclidienne de 36 par 10, c'est écrire $36 = 3 \times 10 + 6$.
3 est le **quotient**, 10 est le **diviseur**, 6 est le **reste**.

Algorithme d'Euclide : Pour calculer le PGCD de deux nombres :
- on effectue la division euclidienne des deux nombres ;
- on les remplace par le **diviseur** et le **reste** de cette division, et on recommence jusqu'à obtenir un reste nul ;
- le PGCD est alors le **dernier reste non nul**.

Exemple : Calculons le PGCD de 112 et 42 par l'algorithme d'Euclide.

$112 = 2 \times 42 + 28$
$42 = 1 \times 28 + 14$
$28 = 2 \times 14 + 0$

On effectue la division euclidienne de 112 par 42.
On effectue la division euclidienne de 42 par 28.
On effectue la division euclidienne de 28 par 14 : le reste est nul. Donc le PGCD cherché est le dernier reste non nul : 14.
On écrit PGCD(112 ; 42) = 14.

2 Applications

EXO 1 **Calculer le PGCD de 128 et de 154.**

Solution

154 = 1 × 128 + 26
128 = 4 × 26 + 24
26 = 1 × 24 + 2
24 = 12 × 2 + 0
Le PGCD de 154 et 128 est donc 2.

- Commencer par la division euclidienne du plus grand nombre (154) par le plus petit (128).
- Le dernier reste non nul est 2.

EXO 2 **Calculer le PGCD de 237 et de 184.**

Solution

237 = 1 × 184 + 53
184 = 3 × 53 + 25
53 = 2 × 25 + 3
25 = 8 × 3 + 1
3 = 3 × 1 + 0
Le PGCD de 237 et 184 est donc 1.

- Le dernier reste non nul est 1.
- 237 et 184 n'ont aucun diviseur en commun autre que 1 : ils sont premiers entre eux.

EXO 3 **Calculer le PGCD de 125 et de 875.**

Solution

875 = 7 × 125 + 0
Donc 125 est un diviseur de 875, et évidemment de 125.
Le PGCD de 125 et 875 est donc 125.

Lorsque l'algorithme d'Euclide s'arrête tout de suite, bien remarquer que le plus petit nombre est forcément diviseur du plus grand : c'est donc lui le PGCD recherché.

Mémo'Quiz

1. 45 est un diviseur de 9. ❑ Vrai ❑ Faux
2. Le PGCD de 18 et 36 est 9. ❑ Vrai ❑ Faux
3. PGCD(588 ; 212) = 4 ❑ Vrai ❑ Faux
4. Les nombres 2 453 et 258 sont premiers entre eux. ❑ Vrai ❑ Faux
5. Les nombres 2 561 et 117 sont premiers entre eux. ❑ Vrai ❑ Faux

→ corrigés p. 95

© Nathan 2012 – Mes fiches ABC

Utiliser un PGCD pour résoudre un problème

9

Lue Relue Apprise

1 Les principales situations rencontrées

A Donner l'écriture irréductible d'une fraction

Propriété : Pour rendre irréductible la fraction $\frac{a}{b}$, il suffit de diviser le numérateur et le dénominateur par PGCD(a ; b).

Exemple : Simplifier la fraction $\frac{1\,452}{1\,244}$:

Calculons le PGCD de 1 452 et 1 244 par l'algorithme d'Euclide :

$1\,452 = 1 \times 1\,244 + 208$

$1\,244 = 5 \times 208 + 204$

$208 = 1 \times 204 + 4$

$204 = 51 \times 4 + 0$

Le PGCD de 1 452 et 1 244 est donc 4.

Donc $\frac{1\,452}{1\,244} = \frac{1\,452 \div 4}{1\,244 \div 4} = \frac{363}{311}$

L'écriture irréductible de $\frac{1\,452}{1\,244}$ est donc $\frac{363}{311}$.

Calculatrice

La plupart des calculatrices peuvent donner directement l'écriture irréductible d'une fraction. Mais attention ! Lors de l'épreuve du Brevet, votre résultat doit être justifié : il faut donc utiliser la méthode ci-contre.

B Résoudre un problème concret

Beaucoup de problèmes de partages (ou de « paquets ») se résolvent grâce au PGCD.

Exemple : Un fleuriste possède un stock de 70 brins de muguet et de 28 petites roses. Pour le 1er mai, il désire constituer des bouquets identiques contenant du muguet et des roses, en utilisant tout son stock. Combien de bouquets (au maximum) peut-il faire, et comment seront constitués ces bouquets ?

Le nombre de bouquets est forcément un diviseur commun de 70 et de 28, sinon tout le stock du fleuriste n'est pas utilisé.
Le nombre maximum de bouquets est donc le plus grand diviseur commun de 70 et de 28. Il faut donc calculer PGCD(70 ; 28).

$70 = 2 \times 28 + 14$

$28 = 2 \times 14 + 0$

Le PGCD de 70 et 28 est donc 14.

Attention

Bien comprendre que l'on cherche le nombre **maximum** de bouquets : sinon, il serait possible de répondre « le fleuriste fait un seul bouquet comportant 70 brins de muguet et 28 roses ».

Cela signifie que le fleuriste va pouvoir composer 14 bouquets.

Composition des bouquets :

- 70 ÷ 14 = 5, donc il y aura 5 brins de muguets par bouquet.
- 28 ÷ 14 = 2, donc il y aura 2 roses par bouquet.

2 Application

EXO 1 **On veut recouvrir une partie de mur mesurant 210 cm sur 135 cm avec des carreaux de faïence. Ces carreaux doivent être de forme carrée, et leur côté doit être un nombre entier. On les pose sans les découper et sans laisser de joints entre deux carreaux. Quelle est la plus grande taille de carreaux que l'on pourra utiliser ?**

Solution

Puisque les carreaux ne doivent pas être découpés, la longueur de leur côté doit être un diviseur de 210 et de 135.

Comme on veut la plus grande taille possible de carreaux, on cherche donc le PGCD de 210 et 135 :

210 = 1 × 135 + 75
135 = 1 × 75 + 60
75 = 1 × 60 + 15
60 = 4 × 15 + 0

Le PGCD de 210 et 135 est donc 15.

Les carreaux doivent donc mesurer 15 cm de côté.

- Lire et relire l'énoncé jusqu'à l'avoir parfaitement compris : un dessin peut être utile.
- L'idée de « taille maximum » est importante : sinon, des carreaux de 1 cm de côté pourraient convenir !

La question suivante est généralement de calculer le nombre de carreaux nécessaires.

Mémo'Quiz

1. **L'écriture irréductible de $\frac{333}{518}$ est : $\frac{9}{14}$** ❑ Vrai ❑ Faux
2. **Dans l'exercice précédent, il faut 126 carreaux pour carreler le mur.** ❑ Vrai ❑ Faux
3. **Dans l'exercice précédent, il aurait été possible de carreler le mur avec des carreaux de 5 cm de côté.** ❑ Vrai ❑ Faux

→ corrigés p. 95

© Nathan 2012 – Mes fiches ABC

Calculer des racines carrées

10

Lue Relue Apprise

1 L'essentiel du cours

A Racine carrée d'un nombre positif

Définition : La racine carrée d'un nombre **positif** a est le seul nombre **positif** dont le carré est a.
Pour tout nombre positif a, on a donc : $\mathbf{(\sqrt{a})^2 = a}$

Exemples : $\sqrt{9} = 3$ car 9 est le carré de 3 ($3^2 = 9$).
$\sqrt{144} = 12$ car 144 est le carré de 12 ($12^2 = 144$).
$\sqrt{0} = 0$ car 0 est le carré de 0 ($0^2 = 0$).

Attention
Calculer la racine carrée d'un nombre n'est pas diviser par 2 !

Propriété : Pour tout nombre positif a, on a : $(\sqrt{a})^2 = a$ et $\sqrt{a^2} = a$.

Exemples : $(\sqrt{7})^2 = 7$ et $\sqrt{13^2} = 13$.

Remarque : Pour calculer $\sqrt{5}$ avec une calculatrice, on tape [√] [5].
Pour 5, comme pour la plupart des nombres, la calculatrice ne donne qu'une valeur approchée. On garde donc bien souvent $\sqrt{5}$ dans le calcul.

B Opérations sur les racines carrées

Dans toute la suite a et b sont deux nombres positifs.

- **Produit de deux racines carrées :** $\sqrt{a} \times \sqrt{b} = \sqrt{a \times b}$

Exemple : $\sqrt{12} \times \sqrt{3} = \sqrt{12 \times 3} = \sqrt{36} = 6$

- **Quotient de deux racines carrées ($b \neq 0$) :**

$$\frac{\sqrt{a}}{\sqrt{b}} = \sqrt{\frac{a}{b}}$$

Exemple : $\sqrt{\dfrac{49}{81}} = \dfrac{\sqrt{49}}{\sqrt{81}} = \dfrac{7}{9}$

Attention
Aucune formule analogue n'existe pour l'addition ou la soustraction.

2 Applications

EXO 1 **1. Calculer mentalement : $\sqrt{36}$, $\sqrt{64}$ et $\sqrt{100}$.**
2. En déduire $A = \sqrt{36} + \sqrt{64}$ et $B = \sqrt{36 + 64}$. A-t-on $A = B$?

Solution

1. $36 = 6^2$, donc $\sqrt{36} = 6$.
$64 = 8^2$, donc $\sqrt{64} = 8$.
$100 = 10^2$, donc $\sqrt{100} = 10$.

- Utiliser la définition de la racine carrée.
- Bien se rendre compte sur cet exemple qu'on ne peut pas changer l'ordre des calculs.

2. $A = \sqrt{36} + \sqrt{64} = 6 + 8 = \mathbf{14}$; $B = \sqrt{36 + 64} = \sqrt{100} = \mathbf{10}$
Donc A n'est pas égal à B.

EXO 2 **1. Écrire sous la forme d'une seule racine carrée :**
$C = \sqrt{2} \times \sqrt{27}$; $D = 5\sqrt{7}$; $E = \dfrac{\sqrt{3} \times \sqrt{6}}{3}$.
2. Donner les valeurs exactes de valeurs de C^2, D^2 et E^2.

Solution

1. $C = \sqrt{2} \times \sqrt{27} = \sqrt{2 \times 27} = \sqrt{54}$

$D = 5 \times \sqrt{7} = \sqrt{25} \times \sqrt{7} = \sqrt{25 \times 7} = \sqrt{175}$

$E = \dfrac{\sqrt{3} \times \sqrt{6}}{3} = \dfrac{\sqrt{18}}{\sqrt{9}} = \sqrt{\dfrac{18}{9}} = \sqrt{2}$

2. $C^2 = (\sqrt{54})^2 = 54$
$D^2 = (\sqrt{175})^2 = 175$ $E^2 = (\sqrt{2})^2 = 2$

- Utiliser les règles du produit et du quotient de deux racines carrées.
Transformer si nécessaire les nombres entiers en racines carrées avant d'utiliser ces formules : $D : 5 = \sqrt{25}$; $E : 3 = \sqrt{9}$
- Utiliser la règle : $(\sqrt{a})^2 = a$

EXO 3 **Développer et réduire : $F = (\sqrt{7} - \sqrt{3})^2$ et $G = (2\sqrt{5} + 1)^2$**

Solutions

$F = (\sqrt{7})^2 - 2 \times \sqrt{7} \times \sqrt{3} + (\sqrt{3})^2$
$= 7 - 2\sqrt{7 \times 3} + 3$
$= 10 - 2\sqrt{21}$

$G = (2\sqrt{5})^2 + 2 \times 2\sqrt{5} \times 1 + 1^2$
$= 2^2 \times (\sqrt{5})^2 + 4\sqrt{5} + 1$
$= 4 \times 5 + 4\sqrt{5} + 1 = 21 + 4\sqrt{5}$

- Utiliser les identités remarquables pour développer, et les règles :
$(\sqrt{a})^2 = a$ $\sqrt{a} \times \sqrt{b} = \sqrt{a \times b}$
- Pour le calcul de $(2\sqrt{5})^2$, utiliser la règle sur les puissances :
$(a \times b)^2 = a^2 \times b^2$

Mémo'Quiz

1. $\sqrt{18}$... ❑ = 9 ❑ = 324 ❑ ≃ 4,2
2. $\sqrt{-4}$... ❑ = 2 ❑ = –2 ❑ n'existe pas
3. $-\sqrt{4}$... ❑ = 2 ❑ = –2 ❑ n'existe pas
4. $\dfrac{\sqrt{4} \times \sqrt{9}}{\sqrt{3}} = \ldots$ ❑ $3\sqrt{7}$ ❑ 21 ❑ $\sqrt{12}$
5. $(3\sqrt{2})^2 =$ ❑ 6 ❑ 12 ❑ 18

➜ corrigés p. 95

© Nathan 2012 – Mes fiches ABC

Simplifier une racine carrée

11

☐ Lue ☐ Relue ☐ Apprise

1 L'essentiel du cours

Définition : Simplifier une racine carrée, c'est l'écrire sous la forme $a\sqrt{b}$, où a et b sont des nombres entiers, avec b **le plus petit possible**.

Pour simplifier une racine carrée, on pense naturellement à l'associer avec un carré, puisque pour tout nombre positif a, $\sqrt{a^2} = a$

Aide
On essaie de rendre le plus petit possible le nombre sous la racine.

- **Méthode générale :** Simplifions $\sqrt{48}$.

1. On décompose le nombre sous la racine en une multiplication faisant apparaître un carré, ce carré étant le plus grand possible.
48 est un multiple de 2 : 48 = 2 × 24 mais cette décomposition n'est pas intéressante car ni 2, ni 24 ne sont des carrés.
48 est un multiple de 3 : 48 = 3 × 16, et $16 = 4^2$. On choisit cette décomposition.

2. On sépare $\sqrt{48}$ en produit de deux racines avec la formule
$\sqrt{a \times b} = \sqrt{a} \times \sqrt{b}$:
$\sqrt{48} = \sqrt{16 \times 3} = \sqrt{16} \times \sqrt{3}$

3. On remplace 16 par 4^2 et on simplifie, puisque $\sqrt{4^2} = 4$:

$$\sqrt{48} = \sqrt{4^2} \times \sqrt{3} = 4\sqrt{3}$$

Remarque : Pour décomposer efficacement, il est utile de connaître les carrés des premiers nombres entiers (appelés aussi **carrés parfaits**) :

Nombres	0	1	2	3	4	5	6	7	8	9	10	11	12
Carrés	0	1	4	9	16	25	36	49	64	81	100	121	144

x^2 ↓ ↑ $\sqrt{x}$

- Pour simplifier par exemple $\sqrt{147}$, on cherche un diviseur de 147 parmi les carrés parfaits, **le plus grand possible**. On procède par ordre décroissant et on s'arrête dès qu'on trouve un quotient entier.

$147 \div 144 \simeq 1{,}02$ $\quad$ $147 \div 121 \simeq 1{,}21$ $\quad$ $147 \div 100 = 1{,}47$
$147 \div 81 \simeq 1{,}81$ $\quad$ $147 \div 64 \simeq 2{,}3$ $\quad$ $147 \div 49 = 3$

On obtient 147 = 49 × 3. Donc : $\sqrt{147} = \sqrt{49 \times 3} = \sqrt{7^2} \times \sqrt{3} = 7\sqrt{3}$

Exemples :

- $\sqrt{12} = \sqrt{4 \times 3} = \sqrt{2^2} \times \sqrt{3} = 2\sqrt{3}$
- $\sqrt{18} = \sqrt{9 \times 2} = \sqrt{3^2} \times \sqrt{2} = 3\sqrt{2}$
- $\sqrt{80} = \sqrt{16 \times 5} = \sqrt{4^2} \times \sqrt{5} = 4\sqrt{5}$

Attention
On a aussi $\sqrt{80} = 2\sqrt{20}$, mais ce n'est pas la forme la plus simplifiée !

2 Application

EXO 1 **Placer les dominos ci-dessous dans le chemin de sorte que deux côtés adjacents soient égaux.**

$\sqrt{405}$	$2\sqrt{6}$	$\sqrt{32}$	$2\sqrt{3}$	$\sqrt{24}$	$\sqrt{63}$
$3\sqrt{3}$	$3\sqrt{7}$	$\sqrt{12}$	$\sqrt{27}$	$4\sqrt{2}$	$9\sqrt{5}$

$2\sqrt{6}$				
$3\sqrt{7}$				

Solution

- $\sqrt{32} = \sqrt{16 \times 2} = \sqrt{4^2} \times \sqrt{2} = 4\sqrt{2}$
- $\sqrt{12} = \sqrt{4 \times 3} = \sqrt{2^2} \times \sqrt{3} = 2\sqrt{3}$
- $\sqrt{27} = \sqrt{9 \times 3} = \sqrt{3^2} \times \sqrt{3} = 3\sqrt{3}$
- $\sqrt{24} = \sqrt{4 \times 6} = \sqrt{2^2} \times \sqrt{6} = 2\sqrt{6}$
- $\sqrt{63} = \sqrt{9 \times 7} = \sqrt{3^2} \times \sqrt{7} = 3\sqrt{7}$
- $\sqrt{405} = \sqrt{81 \times 5} = \sqrt{9^2} \times \sqrt{5} = 9\sqrt{5}$

$2\sqrt{6}$	$\sqrt{24}$	$4\sqrt{2}$	$\sqrt{32}$	$\sqrt{12}$
$3\sqrt{7}$				$2\sqrt{3}$
$\sqrt{63}$	$9\sqrt{5}$	$\sqrt{405}$	$3\sqrt{3}$	$\sqrt{27}$

- Décomposer en faisant apparaître un carré le plus grand possible, puis appliquer les règles :

$$\sqrt{a^2} = a$$
$$\sqrt{a \times b} = \sqrt{a} \times \sqrt{b}$$

- Noter qu'on peut s'aider en observant les résultats possibles : de la forme $a\sqrt{b}$ avec b pouvant valoir seulement 2 ; 3 ; 5 ; 6 ou 7. Par exemple, pour simplifier $\sqrt{405}$, on peut d'abord remarquer que 405 est divisible par 5, puis que $405 \div 5 = 81 = 9^2$.
- Bien penser à chercher **le plus grand** carré pour simplifier au maximum. Par exemple : $\sqrt{32} = \sqrt{4 \times 8} = \sqrt{2^2} \times \sqrt{8} = 2\sqrt{8}$ Mais $\sqrt{32}$ peut être davantage simplifiée (voir solution).

Mémo'Quiz

1. $\sqrt{8} = 2\sqrt{2}$ ❑ Vrai ❑ Faux
2. $\sqrt{75} = 3\sqrt{5}$ ❑ Vrai ❑ Faux
3. $\sqrt{14} = 2\sqrt{7}$ ❑ Vrai ❑ Faux
4. $\sqrt{1\,000} = 10\sqrt{10}$ ❑ Vrai ❑ Faux
5. $\sqrt{726}$ n'est pas simplifiable ❑ Vrai ❑ Faux

→ corrigés p. 95

© Nathan 2012 – Mes fiches ABC

Simplifier une expression contenant des racines carrées

12

Lue Relue Apprise

1 L'essentiel du cours

- Les racines carrées interviennent régulièrement dans les calculs (solutions d'équations, utilisation du théorème de Pythagore), mais ont rarement une écriture décimale finie.
- Pour conserver des valeurs **exactes**, il faut donc les garder dans les calculs et apprendre à les manipuler (voir fiche 10) et à les simplifier (voir fiche 11).

Addition de racines carrées : Il n'existe pas pour la somme de racines carrées de règle aussi naturelle que pour le produit ou le quotient de racines carrées. Toutefois, lorsqu'on ajoute des racines carrées **d'un même nombre**, on peut **factoriser** par cette racine.
De façon générale, pour tous nombres a, b et c (c positif) on a :

$$a\sqrt{c} + b\sqrt{c} = (a + b)\sqrt{c}$$

Exemples : $2\sqrt{3} + 5\sqrt{3} = (2 + 5) \times \sqrt{3} = 7\sqrt{3}$

$\sqrt{7} - 3\sqrt{7} = (1 - 3) \times \sqrt{7} = -2\sqrt{7}$

Aide
Pour tout nombre $a \geqslant 0$
$\sqrt{a} = 1 \times \sqrt{a}$

2 Applications

EXO 1 **Écrire l'expression $A = \sqrt{50} - 4\sqrt{18}$ sous la forme $a\sqrt{b}$, a et b étant deux entiers avec b le plus petit possible.**

Solution

$A = \sqrt{25 \times 2} - 4\sqrt{9 \times 2}$
$= \sqrt{5^2} \times \sqrt{2} - 4 \times \sqrt{3^2} \times \sqrt{2}$
$= 5\sqrt{2} - 4 \times 3 \times \sqrt{2}$
$= 5\sqrt{2} - 12\sqrt{2}$
$= -7\sqrt{2}$

- Commencer par simplifier les racines carrées.
- Soustraire après avoir obtenu des racines carrées du même nombre, ici $\sqrt{2}$.
- Ne pas oublier le 4 en multiplication devant $\sqrt{18}$.

EXO 2 **$2\sqrt{5}$ est-il solution de l'équation $x^2 - 3x + 7\sqrt{5} = 20$?**

Solution

$(2\sqrt{5})^2 - 3 \times 2\sqrt{5} + 7\sqrt{5}$
$= 2^2 \times (\sqrt{5})^2 - 6\sqrt{5} + 7\sqrt{5}$
$= 4 \times 5 + 1\sqrt{5}$
$= 20 + \sqrt{5}$

Il ne s'agit pas de résoudre l'équation mais de faire une vérification en remplaçant x par $2\sqrt{5}$ dans le membre de gauche, puis en comparant à 20.

Le résultat ne donne pas 20 donc $2\sqrt{5}$ n'est pas solution de cette équation.

Simplifier une expression contenant des racines carrées

EXO 3 **Quel quadrilatère a la plus grande aire, le carré *MATH* ou le rectangle *VOUS* ?**

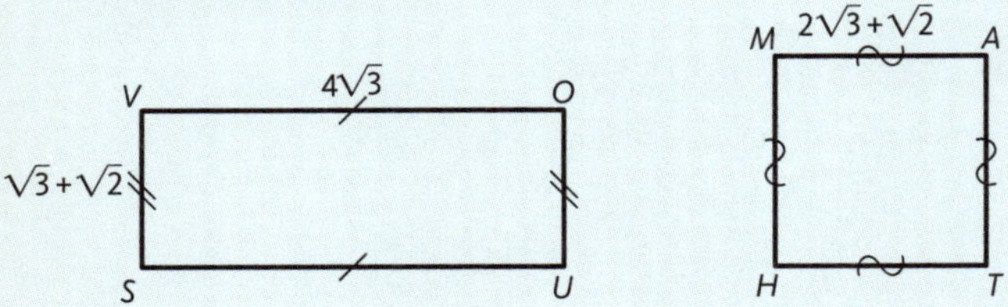

Solution

Aire(*VOUS*) $= 4\sqrt{3} \times (\sqrt{3} + \sqrt{2})$
$= 4\sqrt{3} \times \sqrt{3} + 4\sqrt{3} \times \sqrt{2}$
$= 4 \times (\sqrt{3})^2 + 4\sqrt{3 \times 2}$
$= 4 \times 3 + 4\sqrt{6}$
$= 12 + 4\sqrt{6}$

Aire(*MATH*) $= (2\sqrt{3} + \sqrt{2})^2$
$= (2\sqrt{3})^2 + 2 \times 2\sqrt{3} \times \sqrt{2} + (\sqrt{2})^2$
$= 2^2 \times (\sqrt{3})^2 + 4\sqrt{3 \times 2} + 2$
$= 4 \times 3 + 4\sqrt{6} + 2$
$= 14 + 4\sqrt{6}$

- Utiliser la règle de distributivité simple pour l'aire de *VOUS*, et une identité remarquable pour celle de *MATH*.
- Ensuite, pour simplifier les expressions, penser aux règles :
  $(\sqrt{a})^2 = a \qquad \sqrt{a} \times \sqrt{b} = \sqrt{a \times b}$
- Bien remarquer que les expressions $12 + 4\sqrt{6}$ et $14 + 4\sqrt{6}$ ne peuvent plus être simplifiées.
- Conclure en remarquant que les deux expressions comportent $4\sqrt{6}$ et que $12 < 14$.

L'aire du carré *MATH* est donc supérieure à celle du rectangle *VOUS*.

Mémo'Quiz

1. $2\sqrt{5} + 3\sqrt{5} = \ldots$ ❑ $5\sqrt{10}$ ❑ $5\sqrt{5}$ ❑ 25

2. $\sqrt{20} + \sqrt{5} = \ldots$ ❑ 5 ❑ $5\sqrt{5}$ ❑ $3\sqrt{5}$

3. $\sqrt{147} - \sqrt{108} = \ldots$ ❑ $\sqrt{3}$ ❑ $\sqrt{39}$ ❑ on ne peut pas simplifier

4. $(2 - \sqrt{3})^2 = \ldots$ ❑ $7 - 2\sqrt{3}$ ❑ 1 ❑ $7 - 4\sqrt{3}$

5. $(1 + \sqrt{2})(1 - \sqrt{2})$ est :
❑ non simplifiable ❑ un nombre entier ❑ égal à -1

→ corrigés p. 95

© Nathan 2012 – Mes fiches ABC

Résoudre une équation à une inconnue

13

Lue Relue Apprise

1 L'essentiel du cours

A Solution d'une équation

Définition : Une équation est une égalité dans laquelle intervient un nombre inconnu, désigné par une lettre (qui sera souvent la lettre x). On dit qu'un nombre est solution d'une équation si l'égalité obtenue en remplaçant x par ce nombre est une égalité vraie.

Exemples : Le nombre 4 n'est pas solution de l'équation $2x + 3 = 10$, car l'égalité $2 \times 4 + 3 = 10$ est fausse.
Le nombre 5 est solution de l'équation $18 - x = 13$. En effet, l'égalité $18 - 5 = 13$ est vraie.

B Résoudre une équation

Définition : Résoudre une équation, c'est trouver **toutes** les valeurs de x qui rendent l'égalité vraie.

Exemple : Le nombre 3 est solution de l'équation $x^2 = 9$. Mais ce n'est pas le seul nombre solution : le nombre -3 l'est aussi, car $(-3)^2 = 9$.
Résoudre l'équation $x^2 = 9$, c'est dire que les solutions sont 3 et -3.

C Techniques de résolution d'une équation

Propriété : Une égalité reste vraie lorsqu'on effectue la **même opération** des deux côtés du signe =.

Cette propriété est utile pour transformer l'équation à résoudre en une égalité de la forme $x = \ldots$
On a ainsi résolu l'équation.

Exemple : $x + 3 = 8$

$$x + 3 - \mathbf{3} = 8 - \mathbf{3} \text{ (on enlève 3 de chaque côté)}$$
$$x = 5$$

La solution de l'équation $x + 3 = 8$ est 5.

Remarque

On utilise souvent l'image d'une balance en équilibre : pour qu'elle reste en équilibre, il faut rajouter ou enlever la même quantité de chaque côté.

Méthode : Pour résoudre une équation, il faut :
- développer (si nécessaire) les expressions
- regrouper tous les termes en x du même côté du signe =
- terminer en écrivant $x = \ldots$

Chaque transformation d'une ligne à l'autre ne peut se faire qu'en effectuant la même opération (+,–, × ou ÷) de chaque côté du signe =.

Attention

Ne jamais se dire « je fais passer le +2 de l'autre côté » mais plutôt « j'effectue l'opération –2 de chaque côté ».

2 Applications

EXO 1 Résoudre l'équation : $3x - (1 - 2x) = -5$

Solution

$$3x - (1 - 2x) = -5$$
$$3x - 1 + 2x = -5$$
$$5x - 1 = -5$$
$$5x - 1 + 1 = -5 + 1$$
$$5x = -4$$
$$\frac{5x}{5} = \frac{-4}{5}$$
$$x = \frac{-4}{5}$$

L'équation a pour solution $x = \frac{-4}{5}$.

On enlève la parenthèse, en changeant les signes à l'intérieur.

On se débarrasse du -1 en effectuant l'opération $+1$ de chaque côté.

$5x$ signifie $5 \times x$. Pour se débarasser du 5, il faut effectuer une division par 5.

On conclut en écrivant une phrase.

EXO 2 Résoudre l'équation : $2(x + 3) = -4x + 24$

Solution

$$2(x + 3) = -4x + 24$$
$$2x + 6 = -4x + 24$$
$$2x + 6 + 4x = -4x + 24 + 4x$$
$$6x + 6 = 24$$
$$6x + 6 - 6 = 24 - 6$$
$$6x = 18$$
$$\frac{6x}{6} = \frac{18}{6}$$
$$x = 3$$

L'équation a pour solution $x = 3$.

On développe l'expression de gauche.
On décide de regrouper les x à gauche. Pour se débarasser du $-4x$ à droite, on effectue donc l'opération $+4x$ des deux côtés.

L'opération -6 permet d'isoler x.

$6x$ signifie $6 \times x$. Pour se débarrasser du 6, il faut effectuer une division par 6.

On conclut en écrivant une phrase.

Mémo'Quiz

1. L'équation $3x - 5 = 7$ a pour solution : ❑ 4 ❑ $\frac{2}{3}$ ❑ 3

2. L'équation $x^2 = 25$ a pour solution :
❑ uniquement 5 ❑ uniquement -5 ❑ 5 et -5

3. L'équation $\frac{3x+1}{2} = 7$ a pour solution :
❑ $\frac{13}{3}$ ❑ $\frac{13}{2}$ ❑ 5

→ corrigés p. 95

© Nathan 2012 – Mes fiches ABC

Résoudre une équation produit nul

14

Lue Relue Apprise

1 L'essentiel du cours

A Équation produit nul

Définition : On appelle « équation produit nul » une équation du type

$$(ax + b)(cx + d) = 0$$

où a, b, c et d sont des nombres relatifs.

Exemples : L'équation $(1 - x)(4x + 2) = 0$ est une équation produit nul.

Les équations $(1 + 5x) + (3 - x) = 0$ et $(x + 7)(4 - 2x) = 3$ ne sont pas des équations produit nul.

Attention

Le membre de gauche doit être un produit, et le membre de droite doit être égal à 0.

B Propriété de la multiplication

Propriété : Si un produit est égal à 0, alors au moins un des facteurs du produit est égal à 0.

Exemple : Considérons 2 nombres A et B. Si $A \times B = 0$, alors forcément $A = 0$, ou bien $B = 0$, ou bien $A = B = 0$.

C Résolution d'une équation produit nul

Une équation produit nul se résout donc en séparant l'équation en deux : chaque facteur du produit donne naissance à une nouvelle équation.

Exemple : $(4 + 3x)(2 - x) = 0$

$4 + 3x = 0$ ou $2 - x = 0$

$3x = -4$ ou $2 = x$

$x = \dfrac{-4}{3}$ ou $x = 2$

Les deux solutions de l'équation $(4 + 3x)(2 - x) = 0$ sont donc $\dfrac{-4}{3}$ et 2.

Aide

Ne pas développer le produit : cela donnerait une nouvelle équation insoluble avec les connaissances du collège.

D Cas particuliers

• Produit de 3 facteurs

Le raisonnement précédent reste valable si le produit est constitué de 3 facteurs (ou plus) : l'équation $(1 - x)(x - 4)(3 + x) = 0$ admet 3 solutions, qui sont 1, 4 et -3.

• Problèmes de factorisation

Certaines équations nécessitent d'être factorisées pour devenir des équations produit nul : voir le 2e exercice d'application.

2 Applications

EXO 1 **Résoudre l'équation : $(3x + 2)(1 - 2x) = 0$**

Solution

$(3x + 2)(1 - 2x) = 0$
donc $3x + 2 = 0$ ou $1 - 2x = 0$
donc $3x = -2$ ou $1 = 2x$
donc $x = \frac{-2}{3}$ ou $\frac{1}{2} = x$
L'équation a pour solutions $\frac{-2}{3}$ et $\frac{1}{2}$.

- On sépare tout de suite l'équation produit nul en 2 équations, qu'on va résoudre simultanément.
- Les deux valeurs trouvées sont des solutions possibles pour x : il faut impérativement donner ces deux solutions.

EXO 2 **Résoudre l'équation : $(4 + x)(2 - x) - 7(2 - x) = 0$**

Solution

$(4 + x)(2 - x) - 7(2 - x) = 0$
$(2 - x)(4 + x - 7) = 0$
$(2 - x)(x - 3) = 0$
donc $2 - x = 0$ ou $x - 3 = 0$
donc $2 = x$ ou $x = 3$

- L'expression de gauche n'est pas factorisée : ce n'est pas une équation produit nul. Mais une factorisation par $(2 - x)$ est possible.
- On peut maintenant séparer l'équation produit nul en deux équations.

L'équation a pour solutions 2 et 3.

- On peut vérifier que 2 et 3 sont solutions en remplaçant x par 2 puis par 3 dans l'équation de départ.

Mémo'Quiz

1. L'équation $(-4x + 1)(2x + 3) = 0$ a pour solutions $\frac{1}{4}$ et $\frac{3}{2}$. ❑ Vrai ❑ Faux
2. L'équation $3(x + 2) - (x + 2)(5 - x) = 0$ peut se transformer en équation produit nul. ❑ Vrai ❑ Faux
3. Les solutions de l'équation $3(x + 2) - (x + 2)(5 - x) = 0$ sont 2 et −2. ❑ Vrai ❑ Faux
4. L'équation $(4 - 3x)(2 + x)(4 - 3x) = 0$ a 3 solutions différentes. ❑ Vrai ❑ Faux

➜ corrigés p. 95

© Nathan 2012 – Mes fiches ABC

Résoudre une équation de type $x^2 = a$

15

Lue Relue Apprise

1 L'essentiel du cours

A Rappel sur la résolution d'une équation

Lorsqu'on cherche à résoudre une équation d'inconnue x, on cherche à trouver, si elles existent, **toutes** les valeurs de x qui rendent l'égalité vraie.

B Équation de type $x^2 = a$

Dans toute la suite, a désigne un nombre, qui peut être positif ou négatif. Le nombre de solutions de l'équation $x^2 = a$ dépend du **signe** du nombre a :

Propriété :
- Si $a < 0$, l'équation $x^2 = a$ n'a pas de solution.
- Si $a = 0$, l'équation $x^2 = a$ admet une unique solution $x = 0$.
- Si $a > 0$, l'équation $x^2 = a$ admet **deux solutions** $x = \sqrt{a}$ et $x = -\sqrt{a}$.

Exemples :
- L'équation $x^2 = 3$ admet deux solutions, qui sont $\sqrt{3}$ et $-\sqrt{3}$.
En effet, $(\sqrt{3})^2 = 3$ mais aussi $(-\sqrt{3})^2 = 3$.
- L'équation $x^2 = -5$ n'a pas de solution. En effet, la règle des signes nous dit qu'un nombre élevé au carré donnera toujours un résultat positif.

Attention
Une erreur classique est d'oublier la solution négative.

Règle des signes
$+ \times + = +$
$+ \times - = -$
$- \times + = -$
$- \times - = +$

C Situations se ramenant à l'équation précédente

Méthode : Résolvons l'équation $(2x + 3)^2 = 81$
- d'après la propriété précédente, on sait qu'il existe deux nombres dont le carré vaut 81 : ces nombres sont 9 et −9.
- Il faut donc résoudre les deux équations $2x + 3 = 9$ et $2x + 3 = -9$.
- $2x + 3 = 9$ | $2x + 3 = -9$

$$\begin{aligned} 2x + 3 &= 9 \\ 2x &= 9 - 3 \\ 2x &= 6 \\ x &= \frac{6}{2} \\ x &= 3 \end{aligned} \qquad\qquad \begin{aligned} 2x + 3 &= -9 \\ 2x &= -9 - 3 \\ 2x &= -12 \\ x &= \frac{-12}{2} \\ x &= -6 \end{aligned}$$

- L'équation $(2x + 3)^2 = 81$ a donc deux solutions, qui sont 3 et −6.
- Vérifications : $(2 \times 3 + 3)^2 = (6 + 3)^2 = 9^2 = 81$
$(2 \times (-6) + 3)^2 = (-12 + 3)^2 = (-9)^2 = 81$

2 Applications

EXO 1 Résoudre les équations : a. $2x^2 = 18$ b. $9(x-1)^2 = 4$

Solutions

a. $2x^2 = 18$

donc $x^2 = \frac{18}{2}$

donc $x^2 = 9$

donc $x = \sqrt{9}$ ou $x = -\sqrt{9}$

donc $x = 3$ ou $x = -3$

Les deux solutions de l'équation $2x^2 = 18$ sont donc $x = 3$ et $x = -3$.

- Il faut essayer de se ramener à une équation du type $x^2 = a$.
- On élimine donc tout ce qui est autour de x, ici en divisant par 2.

- Ne pas oublier la racine négative.
- Il faut toujours essayer de simplifier la racine carrée.
- On conclut par une phrase.

b. $9(x-1)^2 = 4$

donc $(x-1)^2 = \frac{4}{9}$

donc $x - 1 = \sqrt{\frac{4}{9}}$ ou $x - 1 = -\sqrt{\frac{4}{9}}$

donc $x - 1 = \frac{\sqrt{4}}{\sqrt{9}}$ ou $x - 1 = -\frac{\sqrt{4}}{\sqrt{9}}$

donc $x - 1 = \frac{2}{3}$ ou $x - 1 = -\frac{2}{3}$

donc $x = \frac{2}{3} + 1$ ou $x = -\frac{2}{3} + 1$

donc $x = \frac{5}{3}$ ou $x = \frac{1}{3}$

Les solutions de l'équation $9(x-1)^2 = 4$ sont donc $\frac{5}{3}$ et $\frac{1}{3}$.

Diviser par 9 va permettre d'avoir simplement une expression dans le membre de gauche.

On applique la formule $\sqrt{\frac{a}{b}} = \frac{\sqrt{a}}{\sqrt{b}}$.

- On obtient deux équations faciles à résoudre.
- Penser à effectuer des vérifications des solutions.

Mémo'Quiz

1. L'équation $x^2 = 20$ a pour solution(s) :

- ❑ $\sqrt{20}$
- ❑ $\sqrt{20}$ et $-\sqrt{20}$
- ❑ $2\sqrt{5}$ et $-2\sqrt{5}$

2. -4 est une des solutions de l'équation :

- ❑ $x^2 = -16$
- ❑ $x^2 = 16$
- ❑ $x^2 = -8$

3. L'équation $(x+1)^2 = 4$ a pour solutions :

- ❑ 1 et -3
- ❑ 1 et 4
- ❑ 2 et -2

→ corrigés p. 95

© Nathan 2012 – Mes fiches ABC

Résoudre une inéquation

16

☐ Lue ☐ Relue ☐ Apprise

1 L'essentiel du cours

A Résolution d'une inéquation

Résoudre une inéquation, c'est trouver **toutes** les valeurs de x qui sont solutions de cette inéquation.

Exemple : les solutions de l'inéquation $x + 3 > 5$ sont tous les nombres x supérieurs à 2.

Attention

Contrairement à une équation, il y a dans une inéquation une infinité de solutions.

Méthode : pour résoudre une inéquation, il faut transformer étape par étape l'inégalité (par des opérations effectuées des deux côtés du signe $>$ ou $<$) pour arriver à une inégalité du type $x < \ldots$ ou $x > \ldots$

Exemple : Résolvons

$$\begin{aligned} 2x + 5 &< 11 \\ 2x + 5 - 5 &< 11 - 5 \\ 2x &< 6 \\ 2x \div 2 &< 6 \div 2 \\ x &< 3 \end{aligned}$$

Les solutions de l'inéquation $2x + 5 < 11$ sont donc les nombres x inférieurs à 3.

Symboles

$<$: inférieur
$\leqslant$: inférieur ou égal
$>$: supérieur
$\geqslant$: supérieur ou égal

Propriété : Lorsqu'on **multiplie** ou **divise** par un nombre **négatif**, on doit changer **le sens** de l'inégalité.

Exemple :

$$\begin{aligned} -4x &\geqslant 12 \\ -4x \div (-4) &\leqslant 12 \div (-4) \\ x &\leqslant -3 \end{aligned}$$

Attention

Oublier de changer le sens de l'inégalité est l'erreur la plus courante dans les résolutions d'inéquations.

B Représentation des solutions d'une inéquation

On visualise les solutions d'une inéquation en les représentant (souvent en les hachurant) sur un axe gradué.

Pour indiquer si la valeur limite est acceptée ou refusée dans les solutions, on la marque par un crochet qui :

- est tourné **vers** les solutions hachurées si la valeur limite est acceptée.
- « tourne le **dos** » aux solutions hachurées si la valeur limite est refusée.

Exemples :

- les solutions de l'inéquation $x \leqslant 2$ se représentent par :

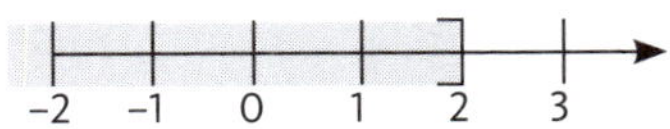

- les solutions de l'inéquation $x > 0$ se représentent par :

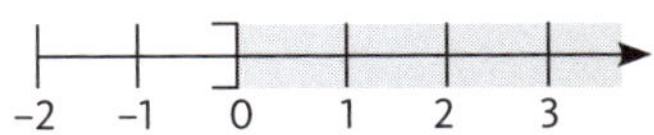

2 Applications

EXO 1 **Résoudre l'inéquation $2(x+3) > 5x$ et représenter les solutions sur un axe gradué.**

Solution

$$\begin{aligned} 2(x+3) &> 5x \\ 2x+6 &> 5x \\ 2x+6-2x &> 5x-2x \\ 6 &> 3x \\ 6 \div 3 &> 3x \div 3 \\ 2 &> x \\ x &< 2 \end{aligned}$$

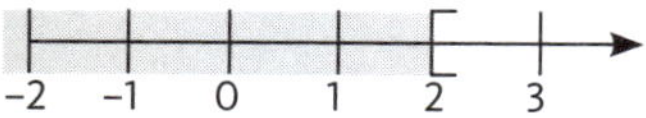

- Pour pouvoir regrouper les x du même côté, il faut auparavant développer $2(x+3)$.
- On décide de regrouper à gauche : on enlève donc $2x$ des deux côtés.
- On élimine le 3 de $3x$ par une division par 3 : cette division ne change pas le sens de l'inégalité, car 3 est positif.
- Par habitude, on achève la résolution avec le x à gauche de l'inégalité.
- Remarquer que le crochet « tourne le dos » aux solutions hachurées : 2 ne fait pas partie des solutions.

EXO 2 **Résoudre l'inéquation $-4x \leqslant 5x + 12$ et représenter les solutions sur un axe gradué.**

Solution

$$\begin{aligned} -4x &\leqslant 5x+9 \\ -4x-5x &\leqslant 5x+9-5x \\ -9x &\leqslant 9 \\ -9x \div (-9) &\geqslant 9 \div (-9) \\ x &\geqslant -1 \end{aligned}$$

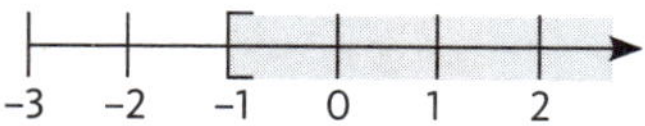

- On regroupe les x à droite, en effectuant l'opération $-5x$ des deux côtés.
- On divise par -9 : bien remarquer que l'inégalité change alors de sens.
- Remarquer que le crochet est tourné vers les solutions : la valeur -1 fait partie des solutions.

Mémo'Quiz

On considère l'inéquation $-3x > 6$

1. La valeur -3 est une solution de cette inéquation. ❑ Vrai ❑ Faux
2. La valeur -2 est une solution de cette inéquation. ❑ Vrai ❑ Faux
3. La résolution de cette inéquation donne $x > -2$ ❑ Vrai ❑ Faux
4. La résolution de cette inéquation donne $x < -2$ ❑ Vrai ❑ Faux
5. La représentation graphique des solutions de cette inéquation est : ❑ Vrai ❑ Faux

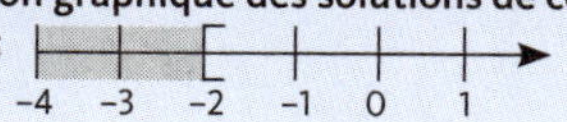

→ corrigés p. 95

© Nathan 2012 – Mes fiches ABC

Résoudre un système par substitution

17

Lue Relue Apprise

1 L'essentiel du cours

A Solution d'un système d'équations

Définition : Un couple de nombres (x ; y) est solution d'un système de deux équations à deux inconnues lorque ces nombres sont solutions des deux équations **en même temps**.

Exemple : $\begin{cases} 3x + y = 5 \\ -2x + 5y = 8 \end{cases}$

(1 ; 2) est solution de ce système car $\begin{cases} 3 \times \mathbf{1} + \mathbf{2} = 5 \\ -2 \times \mathbf{1} + 5 \times \mathbf{2} = 8 \end{cases}$

Attention
L'accolade est indispensable pour signifier que les deux équations sont simultanées.

B Résolution par substitution

L'idée générale est d'éliminer l'une des deux inconnues afin d'obtenir **une seule équation à une seule inconnue**.

Pour cela, à l'aide d'une équation, on va exprimer une des inconnues en fonction de l'autre, puis la remplacer dans l'autre équation.

Exemple : Calculons la solution du système précédent : $\begin{cases} 3x + y = 5 & (1) \\ -2x + 5y = 8 & (2) \end{cases}$

- À l'aide de l'équation (1), on exprime y en fonction de x : $y = 5 - 3x$.

Le système devient donc $\begin{cases} y = 5 - 3x & (1') \\ -2x + 5y = 8 & (2) \end{cases}$

- On remplace maintenant y par $5 - 3x$ dans l'équation (2) :

Le système devient donc $\begin{cases} y = 5 - 3x & (1') \\ -2x + 5(\mathbf{5 - 3x}) = 8 & (2') \end{cases}$

- On résout l'équation (2'), qui ne comporte plus qu'une inconnue : x.

$$\begin{aligned} -2x + 5(5 - 3x) &= 8 \\ -2x + 5 \times 5 - 5 \times 3x &= 8 \\ -2x + 25 - 15x &= 8 \\ -17x &= 8 - 25 = -17 \\ x &= \frac{-17}{-17} = 1 \end{aligned}$$

- Grâce à (1'), on calcule la valeur de y :

$y = 5 - 3 \times 1 = 5 - 3 = 2$

- Conclusion : le couple (1 ; 2) est solution du système.

Aide
On a le choix : on peut également exprimer x en fonction de y. Ici il est plus simple d'exprimer y en fonction de x en raison des coefficients.

Attention
Ne pas oublier les parenthèses en remplaçant.

Attention
Ne pas oublier la conclusion, qui est un couple de nombres !

2 Application

EXO 1 **Résoudre le système suivant par substitution :**

$$\begin{cases} x - 2y = 7 \quad (1) \\ 3x + 4y = 1 \quad (2) \end{cases}$$

Solution

$$\begin{cases} x - 2y = 7 & (1) \\ 3x + 4y = 1 & (2) \end{cases}$$

On exprime x en fonction de y :

$$\begin{cases} x = 7 + 2y & (1') \\ 3x + 4y = 1 & (2) \end{cases}$$

On remplace :

$$\begin{cases} x = 7 + 2y & (1') \\ 3(7 + 2y) + 4y = 1 & (2') \end{cases}$$

On résout (2′) :

$3 \times 7 + 3 \times 2y + 4y = 1$

$21 + 6y + 4y = 1$

$10y = 1 - 21 = -20$

$y = \dfrac{-20}{10} = -2$

On calcule x avec $y = -2$, dans (1′) :

$x = 7 + 2 \times (-2) = 7 - 4 = 3$

On conclut : la solution du système est le couple $(3 ; -2)$.

Vérification :

$$\begin{cases} 3 - 2 \times (-2) = 3 + 4 = 7 \\ 3 \times 3 + 4 \times (-2) = 9 - 8 = 1 \end{cases}$$

- Remarquer qu'ici il est plus simple d'exprimer x en fonction de y.
- Néanmoins, on peut faire le contraire, et obtenir $y = \frac{1}{2}x - \frac{7}{2}$, et on peut appliquer le reste de la méthode, mais avec des fractions et des calculs plus délicats.
- Penser à remplacer dans l'**autre équation**, ici la (2).
- Ne pas oublier les parenthèses en remplaçant, puis développer et réduire avant de résoudre l'équation.

- Attention à bien respecter l'ordre dans la solution : on donne d'abord la valeur de x, puis celle de y.
- Vérifier sa solution n'est pas obligatoire mais permet de corriger d'éventuelles erreurs.

Mémo'Quiz

Système n° 1 : $\begin{cases} -4x + 2y = -8 & (1.1) \\ 5x + y = 4 & (1.2) \end{cases}$ **Système n° 2 :** $\begin{cases} 2x + y = 2 & (2.1) \\ -4x + 2y = 8 & (2.2) \end{cases}$

1. Le couple (3 ; 2) est solution de l'équation (1.1). ❑ Vrai ❑ Faux

2. Le couple (3 ; 2) est solution du système n° 1. ❑ Vrai ❑ Faux

3. La solution du système n° 2 est $\left(-\frac{1}{2} ; 3\right)$. ❑ Vrai ❑ Faux

→ corrigés p. 95

© Nathan 2012 – Mes fiches ABC

Résoudre un système par combinaison

18

Lue Relue Apprise

1 L'essentiel du cours

Comme à la **fiche 17**, l'idée générale est d'éliminer l'une des deux inconnues afin d'obtenir **une seule équation à une seule inconnue**.

Des opérations bien choisies sur la totalité des équations vont faire disparaître une des inconnues.

Vocabulaire

On appelle **combinaison** ces opérations sur les équations du système.

Cas n° 1 : Une des inconnues figure avec le même coefficient (au signe près).
On pourra **additionner** ou **soustraire** les équations membre à membre pour la faire disparaître.

Exemples :

- Dans le système $\begin{cases} \mathbf{2}x + 5y = 9 \\ \mathbf{2}x - 3y = 1 \end{cases}$, on remarque que les termes en x ont le même coefficient. On soustrait donc membre à membre les équations, ce qui donne : $(2x + 5y) - (2x - 3y) = 9 - 1$

Soit : $\cancel{2x} + 5y - \cancel{2x} + 3y = 8$

$$8y = 8$$

$$y = \frac{8}{8} = 1$$

- Dans le système $\begin{cases} x + 3y = 5 \\ 2x - 3y = -4 \end{cases}$, on remarque que les termes en y ont des coefficients opposés. On additionne donc membre à membre les équations. Cela donne :

$$3x = 1$$

$$x = \frac{1}{3}$$

Attention

Il reste encore à calculer l'autre inconnue et à conclure.
Pour cela il suffit de remplacer la valeur connue dans l'une des équations du système, puis de la résoudre.
À titre d'exercice, vérifier que $x = 2$ au premier exemple et que $y = \frac{14}{9}$ au deuxième.

Cas n° 2 : Si ce n'est pas le cas, on multiplie au préalable une des équations du système pour se ramener au cas précédent.
Pour cela, il faut repérer si, pour une inconnue, l'un de ses coefficients est un multiple de l'autre.

Aide

Parfois, il faut multiplier les deux équations (*cf.* exercice).

Exemple : Dans le système $\begin{cases} 5x + \mathbf{6}y = 10 \\ 7x + \mathbf{3}y = -4 \end{cases}$, on remarque que le coefficient en y dans la première équation est le double de celui dans la seconde.

On multiplie la deuxième équation par 2. Le système devient :

$$\begin{cases} 5x + 6y = 10 \\ 14x + 6y = -8 \end{cases}$$

Les termes en y ont maintenant le même coefficient → **Cas n° 1.**

2 Application

EXO 1 **Résoudre le système suivant par combinaison :**

$$\begin{cases} 2x - 3y = -13 \quad (1) \\ -5x + 4y = 22 \quad (2) \end{cases}$$

Solution

On multiplie la première équation par 5 et la deuxième par 2.
Le système devient :

$$\begin{cases} 10x - 15y = -65 \\ -10x + 8y = 44 \end{cases}$$

On additionne les équations :

$$(10x - 15y) + (-10x + 8y) = -65 + 44$$

$$\cancel{10x} - 15y - \cancel{10x} + 8y = -21$$

$$-7y = -21$$

$$y = \frac{-21}{-7} = 3$$

Puis d'après (1) :

$$2x - 3 \times 3 = -13$$

$$2x = -13 + 9 = -4$$

$$x = \frac{-4}{2} = -2$$

Le couple (–2 ; 3) est solution du système.

- Il faut multiplier les deux équations car les coefficients en x ou y ne sont pas des multiples.
- Ici, il faut additionner les équations car les coefficients en x sont opposés.
- Bien faire attention aux parenthèses et aux signes lors de l'addition (ou soustraction) des équations.
- Une fois la première inconnue trouvée, on peut la remplacer par sa valeur dans n'importe quelle équation du système pour trouver l'autre inconnue.

Mémo'Quiz

1. **Dans l'exemple du Cas n° 2, on additionne les équations pour éliminer les termes en *y*.** ❑ Vrai ❑ Faux

2. **$(-2 ; \frac{10}{3})$ est solution de ce système.** ❑ Vrai ❑ Faux

On considère le système $\begin{cases} 3x + 2y = 7 \quad (1) \\ 2x - 4y = -1 \quad (2) \end{cases}$

3. **Pour éliminer les termes en y, on multiplie (1) par 2.** ❑ Vrai ❑ Faux

4. **Puis on soustrait les équations.** ❑ Vrai ❑ Faux

→ corrigés p. 95

© Nathan 2012 – Mes fiches ABC

Résoudre un problème grâce à des équations

19

Lue Relue Apprise

1 L'essentiel du cours

Lorsque la solution d'un problème ne peut pas être trouvée par calcul direct, on a recours au calcul littéral en mettant le problème sous forme d'une (ou plusieurs) équation(s).

Méthode :

1. Choix de l'inconnue : on commence par choisir quels nombres on va désigner par des lettres dans l'équation, c'est-à-dire la (ou les) inconnue(s). Le choix de ces lettres, le plus souvent x et y, n'a pas d'importance. On écrira par exemple :
« Soit n le nombre de . . . » ; « Appelons x le prix de . . . » ; « On note x et y les masses respectives de . . . »

2. Mise en équation : ensuite on traduit le texte en équation(s) : il s'agit donc de repérer les éléments du texte qui vont donner lieu à une égalité (ou plusieurs), faisant intervenir les inconnues.

3. Résolution : on résout l'équation ou le système d'équations avec les techniques usuelles vues aux **fiches 13, 17 et 18**.

4. Conclusion : on écrit une phrase répondant au problème posé.

2 Applications

EXO 1 **Marie et Enzo pensent à un même nombre. Marie choisit de le multiplier par 3 puis de soustraire 7. Enzo lui soustrait 3, puis multiplie le résultat par 4. Ils obtiennent tous deux le même résultat ! Quel nombre ont-il choisi au départ ?**

Solution

Notons x ce nombre.
Marie multiplie x par 3 et soustrait 7. Elle obtient donc $3x - 7$.
Enzo soustrait 3 puis multiplie par 4. Il obtient donc $4(x - 3)$.
Puisqu'ils trouvent le même résultat : $3x - 7 = 4(x - 3)$

On trouve $x = 5$.
Marie et Enzo ont pensé tous les deux au nombre 5.

- Choisir l'inconnue n'est pas choisir la lettre, mais le nombre à l'aide duquel on va écrire l'équation. C'est en général le nombre cherché.
- Ici l'égalité vient de **« ils obtiennent tous deux le même résultat ! »**. Commencer donc par exprimer ces résultats en fonction de l'inconnue, x.
- Résoudre l'équation. Commencer ici par développer le membre de droite.
- Répondre à la question posée.

EXO 2 **À la terrasse d'un restaurant, on trouve deux familles.**
Dans la première, les deux parents prennent un café chacun et leur fils choisit un soda. Ils paient 4,90 €.
Dans la deuxième famille, les 3 enfants commandent un soda chacun et seul le père choisit un café. Ils paient 8,70 €.

Quel est le prix d'un café ? Quel est le prix d'un soda ?

Solution

Notons c le prix d'un café, et s celui d'un soda. D'après le texte :
1re famille : $2c + s = 4,90$
2e famille : $c + 3s = 8,70$
On obtient donc le système :

$$\begin{cases} 2c + s = 4,90 \\ c + 3s = 8,70 \end{cases}$$

La solution du système est (1,2 ; 2,5).
Un café coûte 1,20 € et un soda coûte 2,50 €.

- Repérer immédiatement qu'il y a deux inconnues dans ce problème. On se dirige donc vers la résolution d'un système d'équations.
- Les équations portent sur le montant payé par chaque famille, en fonction des prix du café et du soda.
- Résoudre ensuite le système avec la méthode adaptée (ici les deux sont judicieuses).
- Ne pas oublier de répondre clairement au problème.

Mémo'Quiz

Dans chaque cas, indiquer l'équation ou le système d'équation permettant de résoudre le problème.

1. Je pense à un nombre. Je soustrais 5 à son triple et je trouve 46. Quel est ce nombre ?

❑ $3x = 46 - 5$ ❑ $3(x - 5) = 46$ ❑ $3x - 5 = 46$

2. Trouver un nombre tel que sa moitié augmentée de 1 soit égal à son double.

❑ $\frac{x}{2} + 1 = 2x$ ❑ $\frac{x+1}{2} = 2x$ ❑ $\frac{x}{2} + 1 = 2$

3. Un zlatok et deux filatz pèsent 300 g. Trois zlatoks et cinq filatz pèsent 640 g. Quelles sont les masses d'un zlatok et d'un filatz ?

❑ $\begin{cases} z + 2f = 640 \\ 3z + 5f = 300 \end{cases}$ ❑ $\begin{cases} 2z + f = 300 \\ 3z + 5f = 640 \end{cases}$ ❑ $\begin{cases} z + 2f = 300 \\ 3z + 5f = 640 \end{cases}$

→ corrigés p. 95

© Nathan 2012 – Mes fiches ABC

Trouver l'image d'un nombre par une fonction

20

Lue Relue Apprise

1 L'essentiel du cours

Définition : Une fonction f est un procédé qui, à un nombre de départ x fait correspondre un autre nombre (noté $f(x)$), appelé l'**image** de x par f.

x → fonction f → image de x : $f(x)$

Attention
L'image d'un nombre par une fonction est unique.

A Fonction définie par un tableau

- Soit f la fonction définie par le tableau de valeurs :

x	–1	0	1	2
$f(x)$	3	1	–2	5

Exemples :
3 est l'image de –1 par la fonction f, c'est-à-dire $f(-1) = 3$.
L'image de 2 par la fonction f est 5, c'est-à-dire $f(2) = 5$.

Aide
Les images se lisent sur la ligne « $f(x)$ ».

B Fonction définie par un graphique

- Soit f la fonction définie par le graphique ci-contre.
Pour chaque point de la courbe, l'ordonnée est l'image de l'abscisse.
Exemple : $f(1) = 2$

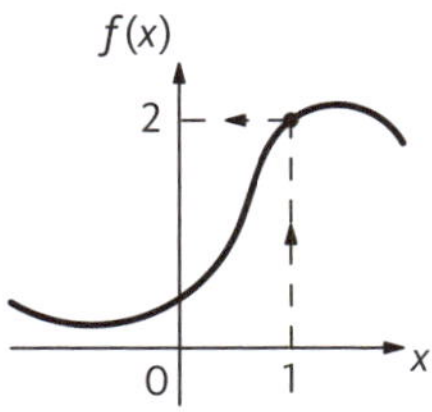

Aide
L'image d'un nombre se lit sur l'axe des **ordonnées**.

C Fonction définie par une expression

- Si une fonction est définie par une expression algébrique (littérale), on peut **calculer** l'image d'un nombre en effectuant le calcul décrit par cette expression.

Exemples :
Si $f(x) = x^2 - 1$, alors $f(2) = 2^2 - 1 = 4 - 1 = 3$
L'image de 2 par f est 3.
Si $g(x) = \frac{1}{x+2}$, alors $g(-5) = \frac{1}{-5+2} = -\frac{1}{3}$
L'image de –5 par g est $-\frac{1}{3}$.

Aide
Il suffit de remplacer x dans l'expression de la fonction.

2 Application

EXO 1 La courbe ci-contre représente une fonction f.
Lire les images de –2, de 0 et de 1 par la fonction f.

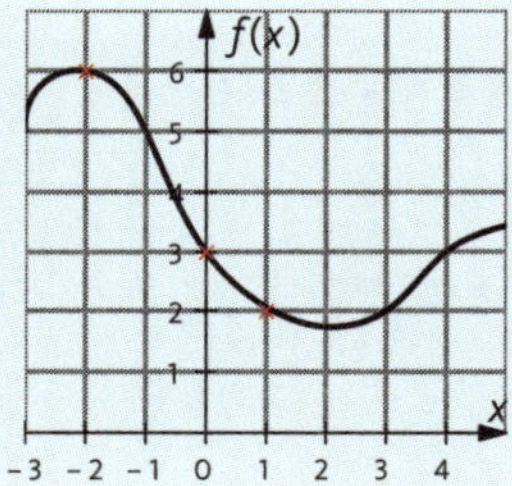

Solution

$f(-2) = 6 \quad f(0) = 3 \quad f(1) = 2$

Placer –2 ; 0 ; et 1 en abscisse et lire les ordonnées des points de la courbe leur correspondant (marqués en rouge sur la courbe).

EXO 2 Soit g la fonction dont un tableau de valeurs figure ci-contre.

x	–3	0	1	5
$g(x)$	–7	2	–3	7

Déterminer l'image de –3 par la fonction g, puis l'image de 5 par la fonction g.

Solution

$g(-3) = -7 \quad g(5) = 7$

Situer –3 dans la ligne « x » puis choisir la valeur en dessous dans la ligne « $f(x)$ ». Faire de même pour 5.

EXO 3 On considère la fonction h définie par $h(x) = 3x^2 + 2x - 7$.
Calculer l'image de –2 par h.

Solution

$h(-2) = 3 \times (-2)^2 + 2 \times (-2) - 7$
$= 3 \times 4 - 4 - 7$
$= 12 - 11 = 1$

L'image de –2 par h est 1.

Remplacer x par –2 dans l'expression $h(x)$, puis effectuer le calcul, en appliquant les règles de calcul usuelles.

Mémo'Quiz

Les fonctions f et g sont celles des exercices précédents.

1. L'image de 3 par la fonction f est 2. ❑ Vrai ❑ Faux
2. L'image de 2 par la fonction g est 0. ❑ Vrai ❑ Faux
3. Si $p(x) = x(3 - x)$, alors $p(7) = 28$. ❑ Vrai ❑ Faux

➜ corrigés p. 95

© Nathan 2012 – Mes fiches ABC

Trouver l'antécédent d'un nombre par une fonction

21

Lue Relue Apprise

1 L'essentiel du cours

Définition : Un antécédent d'un nombre a par une fonction f est un nombre x dont l'image est a par f. Autrement dit, a est l'image de x par f, ou bien encore $f(x) = a$.

Chercher un antécédent x de a, c'est chercher x tel que $f(x) = a$.

Attention
Un nombre peut avoir un, plusieurs ou aucun antécédents.

A Fonction définie par un tableau

- Soit f la fonction définie par le tableau de valeurs :

x	-2	0	2	5
$f(x)$	1	3	-4	1

Exemples :
0 est un antécédent de 3 par la fonction f, car 3 est l'image de 0 par f.
-2 et 5 sont deux antécédents de 1 par f, car $f(-2) = 1$ et $f(5) = 1$.

Aide
Les antécédents se lisent sur la ligne « x ».

B Fonction définie par un graphique

- Soit f la fonction définie par le graphique ci-contre. Pour chaque point de la courbe, l'abscisse est un antécédent de l'ordonnée.

Exemple : 1 est un antécédent de 2 car $f(1) = 2$

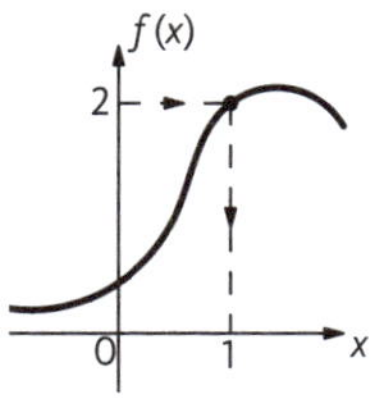

Aide
L'antécédent d'un nombre se lit sur l'axe des **abscisses.**

C Fonction définie par une expression

- Si une fonction est définie par une expression algébrique (littérale), on peut **calculer** l'antécédent d'un nombre a en résolvant l'équation $f(x) = a$.

Exemple :
Soit f la fonction définie par : $f(x) = 3x + 1$. Chercher l'antécédent de 10 par f, c'est donc résoudre l'équation $f(x) = 10$, c'est-à-dire : $3x + 1 = 10$
L'antécédent de 10 par la fonction f est donc 3 (le vérifier à titre d'exemple).

Attention
On ne peut pas toujours résoudre l'équation.

2 Application

EXO 1 **La courbe ci-contre représente une fonction f.**
Lire les antécédents de 5, de 3 et de 1 par la fonction f.

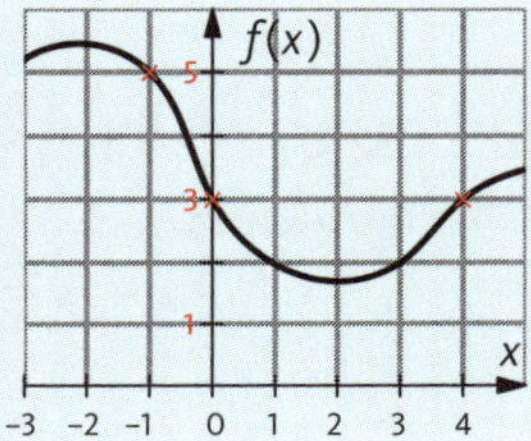

Solution

Comme $f(-1) = 5$, -1 est un antécédent de 5 par f.
Comme $f(0) = 3$ et $f(4) = 3$, 0 et 4 sont deux antécédents de 3 par f.
Aucun nombre n'a pour image 1, donc 1 n'a aucun antécédent par f.

- Placer 5 ; 3 ; et 1 en ordonnée et lire les abscisses des points de la courbe leur correspondant (marqués en rouge sur la courbe).
- Ne pas oublier qu'un nombre peut ne pas avoir d'antécédent (comme 1), ou bien plusieurs (comme 3).

EXO 2 **1. On considère la fonction g définie par $g(x) = -2x + 7$.**
Déterminer un antécédent de -3 par g.

Solution

1. $-2x + 7 = -3$

$-2x = -3 - 7$

$-2x = -10$

$x = \frac{-10}{-2} = 5$

Pour trouver un antécédent de -3 par la fonction g, résoudre l'équation $g(x) = -3$.

5 est un antécédent de -3 par g.

Mémo'Quiz

Les fonctions f et g sont celles des exercices précédents.

1. 1 est un antécédent de 2 par la fonction f. ❑ Vrai ❑ Faux

2. 2 n'a qu'un seul antécédent par la fonction f. ❑ Vrai ❑ Faux

3. Un antécédent de 3 par la fonction g est -5. ❑ Vrai ❑ Faux

4. -1 est un antécédent de 9 par la fonction $h(x) = x^2 - 3x + 5$. ❑ Vrai ❑ Faux

→ corrigés p. 95

© Nathan 2012 – Mes fiches ABC

Représentation graphique d'une fonction linéaire

22

Lue Relue Apprise

1 L'essentiel du cours

A Définition d'une fonction linéaire

Définition : On appelle **fonction linéaire** une fonction f qui à un nombre x associe un nombre ax, où a est un nombre relatif donné.
On note $\boldsymbol{f : x \mapsto ax}$

Exemples : $g : x \mapsto 2x$ et $h : x \mapsto -7x$, sont des fonctions linéaires.
$f : x \mapsto 3x + 1$ n'est pas une fonction linéaire.

B Représentation graphique d'une fonction linéaire

Propriété : Toute fonction linéaire est représentée graphiquement par **une droite passant par l'origine**.

• Tracer la représentation graphique d'une fonction linéaire donnée

On sait déjà que la droite représentant la fonction passe par le point de coordonnées (0 ; 0). Il suffit donc de calculer les coordonnées d'un autre point de la droite.

Exemple : Considérons $f : x \mapsto 2x$
$f(1) = 2 \times 1 = 2$, donc la droite passe par le point de coordonnées (1 ; 2)
On trace donc la droite $\mathscr{C}_f$ passant par les points (0 ; 0) et (1 ; 2).

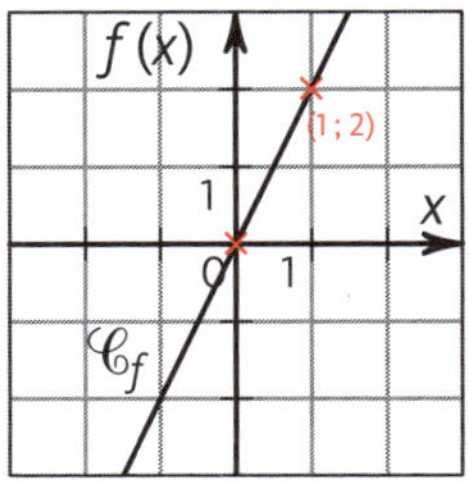

• Rôle du coefficient directeur

Dans l'exemple précédent (fonction $f : x \mapsto 2x$), le coefficient a vaut 2. Ce coefficient s'appelle le **coefficient directeur** de la droite représentant f. C'est lui qui dirige la « pente » de la droite.

Propriété : • Si $\boldsymbol{a > 0}$, la droite « monte ».
• Si $\boldsymbol{a < 0}$, la droite « descend ».

Cette propriété peut-être précisée : plus a est grand, plus la droite monte (elle monte de a unités verticalement, pour 1 unité horizontalement).

Astuce
Ceci permet de lire un coefficient directeur simplement en comptant les carreaux.

2 Application

EXO 1 Construire la représentation graphique de la fonction $g : x \mapsto -\frac{3}{2}x$

Solution

La fonction g est une fonction linéaire de coefficient $-\frac{3}{2}$. Sa représentation graphique est donc une droite passant par l'origine.

$g(2) = -\frac{3}{2} \times 2 = -3$, donc la droite passe par le point de coordonnées $(2 ; -3)$.

- Toujours justifier que la fonction est linéaire, en donnant son coefficient.
- Ainsi, on en déduit que la représentation est une droite.

En choisissant de calculer l'image de 2, on obtient une valeur entière : le point est alors plus facile à placer.

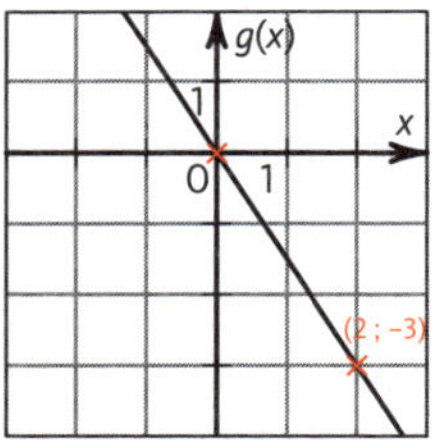

- Bien faire apparaître les deux points qui permettent de tracer la droite : le point origine (0 ; 0), et le point (2 ; –3).
- On remarque, comme prévu, que la droite « descend », car le coefficient directeur $-\frac{3}{2}$ est négatif.

Mémo'Quiz

On considère les droites (Δ_1) et (Δ_2) tracées dans le repère ci-contre, ainsi que les fonctions : $f : x \mapsto \frac{1}{2}x$ et $g : x \mapsto -x$

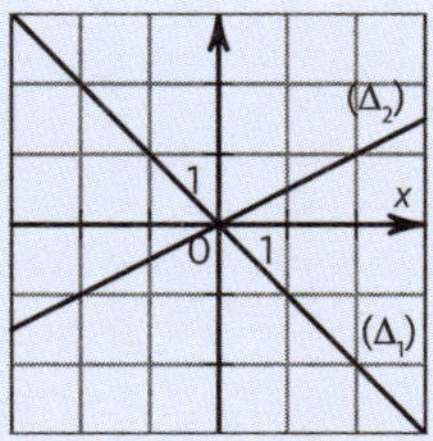

1. Les fonctions f et g sont des fonctions linéaires

❑ Vrai ❑ Faux

2. Le coefficient directeur de la droite (Δ_2) est un nombre négatif

❑ Vrai ❑ Faux

3. Le point de coordonnées (–1 ; –1) appartient à la droite (Δ_2)

❑ Vrai ❑ Faux

4. (Δ_1) est la représentation graphique de g.

❑ Vrai ❑ Faux

→ corrigés p. 95

© Nathan 2012 – Mes fiches ABC

Représentation graphique d'une fonction affine

23

Lue Relue Apprise

1 L'essentiel du cours

A Définition d'une fonction affine

Définition : On appelle **fonction affine** une fonction f qui, à un nombre x, associe un nombre $ax + b$, où a et b sont des nombres relatifs donnés. On note $\boldsymbol{f : x \mapsto ax + b}$

Exemples : $g : x \mapsto 2x + 1$ et $h : x \mapsto -x - 4$, sont des fonctions affines.

$f : x \mapsto \frac{1}{x} + 1$ n'est pas une fonction affine.

B Représentation graphique d'une fonction affine

Propriété : Toute fonction affine est représentée graphiquement par **une droite**.

- **Tracer la représentation graphique d'une fonction affine donnée**

Pour tracer une droite, il suffit d'en connaître deux points. Il faut donc calculer l'image de deux valeurs différentes de x.

Exemple : Considérons $f : x \mapsto x - 1$
$f(0) = 0 - 1 = -1$, donc la droite passe par le point de coordonnées $(0 ; -1)$.
$f(2) = 2 - 1 = 1$, donc la droite passe par le point de coordonnées $(2 ; 1)$.
On trace donc la droite $\mathscr{C}_f$ passant par les points $(0 ; -1)$ et $(2 ; 1)$.

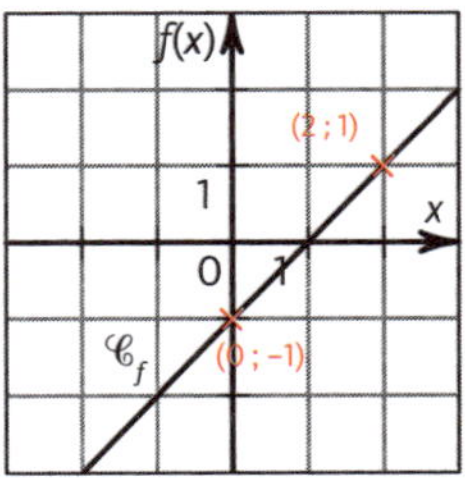

- **Rôles de a et b**

Comme pour une fonction linéaire, le nombre a s'appelle le **coefficient directeur** : il indique la pente de la droite.
Le nombre b s'appelle l'**ordonnée à l'origine** : il indique en effet à quel endroit la droite coupe l'axe des ordonnées.

Propriété : Une fonction affine définie par $f : x \mapsto ax + b$ coupe l'axe des ordonnées au point $(0 ; b)$.

Aide
Ceci permet de lire la valeur de b très simplement sur un graphique.

2 Applications

EXO 1 Construire la représentation graphique de la fonction $h : x \mapsto -x + 2$

Solution

La fonction h est une fonction affine, sa représentation graphique $\mathscr{C}_h$ est donc une droite.
Son ordonnée à l'origine vaut 2, donc $\mathscr{C}_h$ passe par le point de coordonnées (0 ; 2).
De plus, $h(3) = -3 + 2 = -1$, donc $\mathscr{C}_h$ passe par le point de coordonnées (3 ; –1)

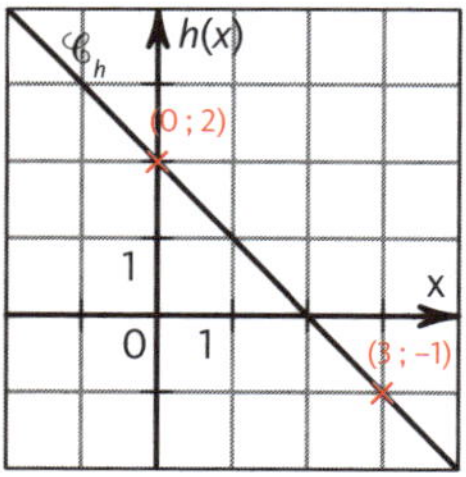

- $h(x) = -x + 2 = -1 \times x + 2$; donc h est une fonction affine de coefficient $a = -1$ et d'ordonnée à l'origine $b = 2$.
- L'ordonnée à l'origine donne très facilement un point de la droite. On en trouve un deuxième en calculant l'image d'une valeur que l'on choisit (ici, la valeur 3).
- Bien faire apparaître les deux points qui permettent de tracer la droite : le point origine (0 ; 2), et le point (3 ; –1).
- On remarque, comme prévu, que la droite « descend », car le coefficient directeur –1 est négatif.

Mémo'Quiz

On considère deux fonctions affines f et g dont les représentations graphiques $\mathscr{C}_f$ et $\mathscr{C}_g$ sont tracées dans le repère ci-contre.

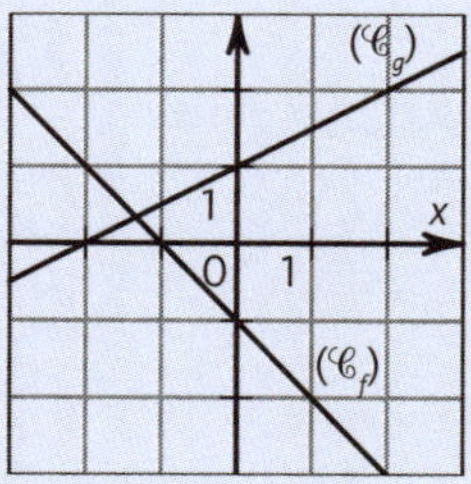

1. L'ordonnée à l'origine de g est égale à 1.
   ❑ Vrai ❑ Faux
2. Le coefficient directeur de la droite $\mathscr{C}_f$ est un nombre positif
   ❑ Vrai ❑ Faux
3. La fonction g est la fonction $g(x) = 2x + 1$ ❑ Vrai ❑ Faux
4. La fonction f est la fonction $f(x) = -x - 1$ ❑ Vrai ❑ Faux

→ corrigés p. 95

© Nathan 2012 – Mes fiches ABC

Déterminer l'expression d'une fonction linéaire

24

Lue Relue Apprise

1 L'essentiel du cours

A Expression d'une fonction linéaire

Rappel : Si f est une **fonction linéaire**, alors il existe un nombre a tel que f s'écrive $\boldsymbol{f : x \mapsto ax}$.
Déterminer l'expression d'une fonction linéaire f revient donc à trouver la valeur du coefficient a.

B Recherche de *a* connaissant l'image d'un nombre par *f*

Propriété : Si un nombre x a pour image un nombre y par la fonction linéaire f, alors le coefficient a vaut $\frac{y}{x}$.

Remarque : « un nombre x a pour image un nombre y » signifie que $f(x) = y$

Exemple : Déterminons l'expression de la fonction linéaire f, sachant que $f(3) = -6$.

D'après ce qui précède, le coefficient a de la fonction f vaut $\frac{-6}{3}$, donc -2.
L'expression de la fonction f est donc $f : x \mapsto -2x$.

C Recherche de *a* connaissant la représentation graphique de *f*

Propriété : Si un point M de coordonnées $(x\,;y)$ appartient à la représentation graphique $\mathscr{C}_f$ d'une fonction linéaire f, alors le coefficient a vaut $\frac{y}{x}$.

Remarque : $M(x\,;y) \in \mathscr{C}_f$ signifie que $f(x) = y$

Exemple : Grâce à la représentation $\mathscr{C}_f$ ci-dessous, déterminons l'expression de f.

On cherche un point de coordonnées entières, différent de l'origine. Prenons par exemple le point M de coordonnées (2 ; 1).
D'après ce qui précède, $a = \frac{1}{2}$.

L'expression de la fonction f est donc $f : x \mapsto \frac{1}{2}x$.

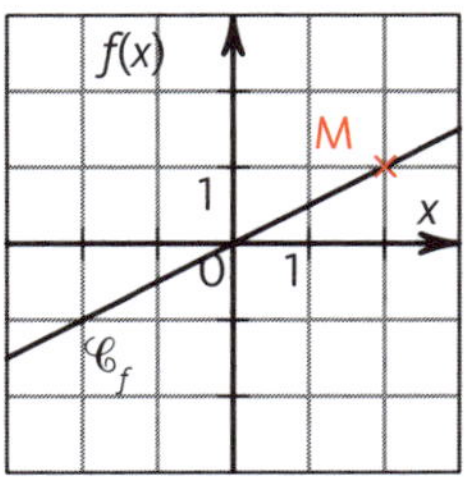

2 Applications

EXO 1 **On considère une fonction linéaire g, telle que $g(2) = 10$. Déterminer l'expression de la fonction g.**

Solution

g est une fonction linéaire, donc il existe un nombre a tel que $g(x) = ax$.

Or $g(2) = 10$, donc $a = \frac{10}{2} = 5$.

Donc l'expression de la fonction g est $g : x \mapsto 5x$.

> Toujours rappeler que la fonction est linéaire, et donc qu'il suffira de trouver a pour déterminer l'expression de la fonction.

EXO 2 **On considère une fonction h, dont la représentation graphique $\mathscr{C}_h$ est donnée ci-contre.**

1. Quelle est la nature de la fonction h ?
2. Déterminer l'expression de h.

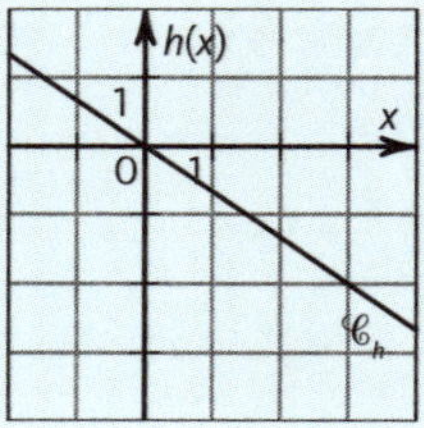

Solution

1. $\mathscr{C}_h$ est une droite passant par l'origine : h est donc une fonction linéaire.

2. Le point de coordonnées (3 ; –2) appartient à $\mathscr{C}_h$. Donc le coefficient de h est $\frac{-2}{3}$.
L'expression de h est donc $h : x \mapsto \frac{-2}{3}x$

> • Ne pas oublier de dire que la droite passe par l'origine : sinon h peut être une fonction affine.
>
> • Toujours chercher un point de coordonnées entières.
>
> • Ne pas oublier le x dans l'expression de la fonction.

Mémo'Quiz

1. Si f est une fonction linéaire telle que $f(5) = 3$, alors $f(x)$ vaut :
   ❑ $\frac{5}{3}x$ ❑ $\frac{3}{5}x$ ❑ $\frac{3}{5}$
2. On considère la fonction $h : x \mapsto -3x$. Quel point appartient à $\mathscr{C}_h$?
   ❑ M(1 ; 3) ❑ N(–1 ; –3) ❑ P(2 ; –6)
3. On considère le point M(–2 ; 4). Quelle est la fonction dont la représentation graphique passe par M ?
   ❑ $x \mapsto -2x$ ❑ $x \mapsto \frac{1}{2}x$ $x \mapsto 2x$

→ corrigés p. 95

© Nathan 2012 – Mes fiches ABC

Déterminer l'expression d'une fonction affine

25

Lue Relue Apprise

1 L'essentiel du cours

A Expression d'une fonction affine

Rappel : Si f est une **fonction affine**, alors il existe deux nombres a et b tels que f s'écrive $\boldsymbol{f : x \mapsto ax + b}$.
Déterminer l'expression d'une fonction affine f revient donc à trouver la valeur des nombres a et b.

B Recherche de *a* et *b* connaissant l'image de deux nombres par *f*

- **Calcul de a :**

Propriété : Si f est une fonction affine, que $f(x_1) = y_1$ et que $f(x_2) = y_2$, alors $\boxed{a = \dfrac{y_2 - y_1}{x_2 - x_1}}$.

Remarque : On peut aussi écrire $a = \dfrac{y_1 - y_2}{x_1 - x_2}$

- **Calcul de b :**

Une fois la valeur de a déterminée, on calcule b par $\boxed{b = y_1 - ax_1}$ (ou bien $b = y_2 - ax_2$).

Exemple : Déterminons l'expression d'une fonction affine f, sachant que $f(2) = 1$ et $f(5) = 7$.
Calcul de a : $a = \dfrac{7-1}{5-2} = \dfrac{6}{3} = 2$. Donc $b = 1 - 2 \times 2 = 1 - 4 = -3$.
La fonction f est donc $f : x \mapsto 2x - 3$.

C Recherche de *a* et *b* connaissant la représentation graphique de *f*

- Si on arrive à lire les coordonnées de deux points $M_1(x_1 ; y_1)$ et $M_2(x_2 ; y_2)$, alors la détermination de a et b peut se faire par la méthode vue au B.
- Si l'intersection de $\mathscr{C}_f$ et de l'axe des ordonnées est lisible, on y retrouve la valeur de b (appelée ordonnée à l'origine).
- Si on peut se déplacer d'un point de $\mathscr{C}_f$ à un autre en se décalant d'un nombre entier de carreaux, on peut alors calculer a par le quotient $\dfrac{\text{déplacement vertical}}{\text{déplacement horizontal}}$.

<u>Exemple</u> : Grâce à la représentation $\mathscr{C}_f$ ci-dessous, déterminons l'expression de f.
La droite $\mathscr{C}_f$ coupe l'axe des ordonnées en –1.
Donc $b = -1$.
De plus, la droite « monte » de 2 unités pour un déplacement horizontal de 3 unités : donc $a = \frac{2}{3}$.
L'expression de la fonction f est donc
$f : x \longmapsto \frac{2}{3}x - 1$.

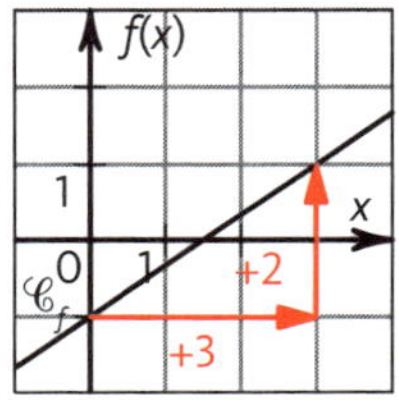

2 Application

EXO 1 **On considère une fonction affine h, dont la représentation graphique $\mathscr{C}_h$ est donnée ci-contre.**
Déterminer l'expression de h.

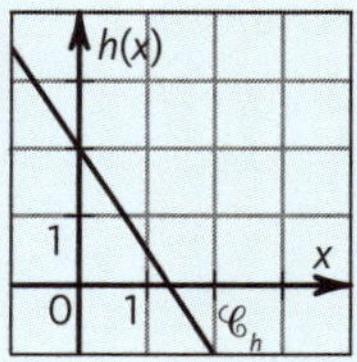

Solution

Comme h est une fonction affine, il existe deux nombres a et b tels que $h(x) = ax + b$.
$\mathscr{C}_h$ coupe l'axe des ordonnées en 2.
Donc $b = 2$.
Le point de coordonnées (2, –1) appartient à $\mathscr{C}_h$, donc $h(2) = -1$.
Donc $a \times 2 + 2 = -1$, d'où $2a = -3$, et donc $a = \frac{-3}{2}$.
Donc $h : x \longmapsto \frac{-3}{2}x + 2$.

- Toujours commencer par déterminer l'ordonnée à l'origine, par une simple lecture.
- On cherche un point de coordonnées entières. On peut aussi compter les unités de décalage pour mesurer la pente de la droite.

Mémo'Quiz

On considère une fonction affine $f : x \longmapsto -3x + 5$

1. Le point de coordonnées (1 ; 2) appartient à $\mathscr{C}_f$ ❑ Vrai ❑ Faux
2. L'ordonnée à l'origine de $\mathscr{C}_f$ vaut –3. ❑ Vrai ❑ Faux
3. Le coefficient directeur de $\mathscr{C}_f$ vaut –3. ❑ Vrai ❑ Faux
4. Le point de coordonnées (0 ; 5) appartient à $\mathscr{C}_f$ ❑ Vrai ❑ Faux

➔ corrigés p. 95

© Nathan 2012 – Mes fiches ABC

Résoudre graphiquement un système de deux équations

26

Lue Relue Apprise

1 L'essentiel du cours

A Équations de droites

- À toute équation de la forme $y = ax + b$ correspond une droite.

Le rôle des nombres a et b est le même que pour les fonctions affines :
– a est le coefficient directeur.
– b est l'ordonnée à l'origine.

- Toute équation d'un système peut se transformer en équation de droite : il suffit de l'exprimer sous la forme $y = \ldots$.

B Solution graphique d'un système

Considérons le système suivant : $\begin{cases} 2x + y = 5 & \textbf{(1)} \\ x + y = 3 & \textbf{(2)} \end{cases}$

- **Transformation des équations en équations de droites.**

L'équation (1) peut s'écrire $y = -2x + 5$. C'est alors l'équation d'une droite (d_1) qu'il est possible de tracer.
De même, l'équation (2) se transforme en $y = -x + 3$, qui est l'équation d'une droite (d_2).

- **Résolution du système**

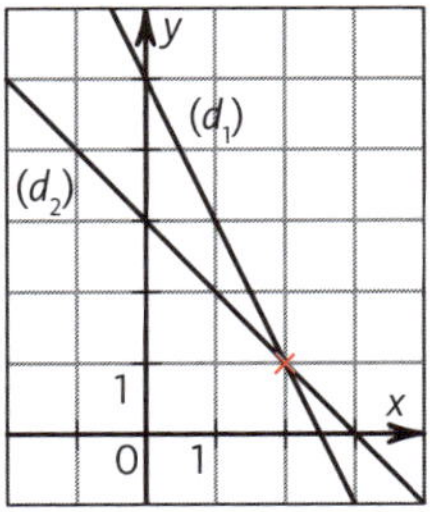

Pour le tracé des droites, se reporter à la fiche « Représentation graphique d'une fonction affine ».
Les droites (d_1) et (d_2) se coupent au point d'intersection (2 ; 1). Cela signifie que le couple (2 ; 1) est solution de notre système.

Vérification :
équation (1) : $2 \times 2 + 1 = 5$
équation (2) : $2 + 1 = 3$

- **Différents cas rencontrés**

Programme de 3e
Au collège, seul le 1er cas sera rencontré.

Lors de la résolution graphique d'un système, 3 situations peuvent se produire :
– Les deux droites sont sécantes : le système admet un seul couple solution.
– Les deux droites sont parallèles : le système n'a pas de solution.
– Les deux droites sont confondues : le système a une infinité de solutions.

2 Application

EXO 1 **Résoudre graphiquement le système :** $\begin{cases} x + 2y = 4 & (1) \\ 2x + y = -1 & (2) \end{cases}$

Solution

(1) : $2y = -x + 4$, donc (d_1) a pour équation $y = \frac{-1}{2}x + 2$.
(2) : $y = -2x - 1$, ce qui est l'équation d'une droite (d_2).

Pour chaque équation, on exprime y en fonction de x. Penser à bien mettre chaque équation sous la forme $y = ax + b$ afin qu'apparaissent le coefficient directeur et l'ordonnée à l'origine.

Tracé des droites (d_1) et (d_2).
Comme l'ordonnée à l'origine de (d_1) vaut 2, le point (0 ; 2) appartient à (d_1).
De plus, si $x = 2$, $y = \frac{-1}{2}2 + 2 = -1 + 2 = 1$, donc le point (2 ; 1) appartient à (d_1).
De même, (d_2) passe par les points (0 ; –1) et (–1 ; 1).

On choisit ici de trouver deux points de chaque droite pour la tracer. On utilise le point (0 ; b), où b est l'ordonnée à l'origine, ainsi qu'un autre point trouvé en prenant une valeur de x (pour (d_1), $x = 2$, pour (d_2), $x = -1$).

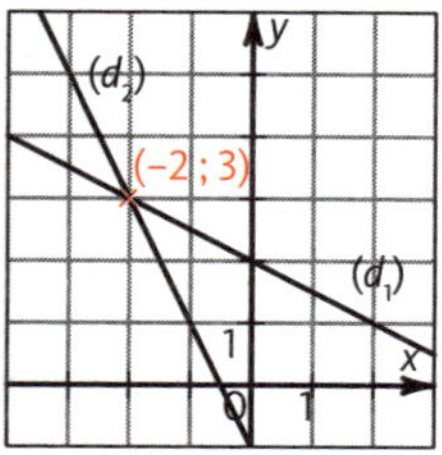

Toujours être vigilant pour l'échelle du graphique : il faut que l'on puisse lire les coordonnées du point d'intersection.

Le couple solution est donc (–2 ; 3)

On peut, par le calcul, vérifier que ce couple est bien solution du système.

Mémo'Quiz

On considère le système $\begin{cases} x + 2y = 1 & (1) \\ x - y = 4 & (2) \end{cases}$

1. (1) donne l'équation de droite (d_1) : $y = \frac{-1}{2}x + \frac{1}{2}$ ❑ Vrai ❑ Faux

2. (2) donne l'équation de droite (d_2) : $y = -x + 4$ ❑ Vrai ❑ Faux

3. Les droites (d_1) et (d_2) se coupent au point (3, –1) ❑ Vrai ❑ Faux

➜ corrigés p. 95

© Nathan 2012 – Mes fiches ABC

Calculer une longueur par le théorème de Thalès

27

Lue Relue Apprise

1 L'essentiel du cours

A La bonne configuration

- Deux triangles sont dit **en configuration de Thalès** s'ils sont formés par deux droites **parallèles** coupant deux droites sécantes.

Exemple :

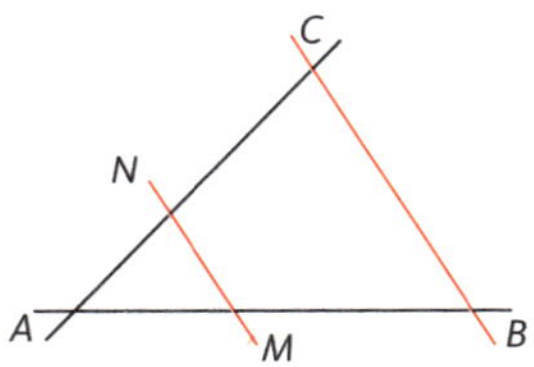

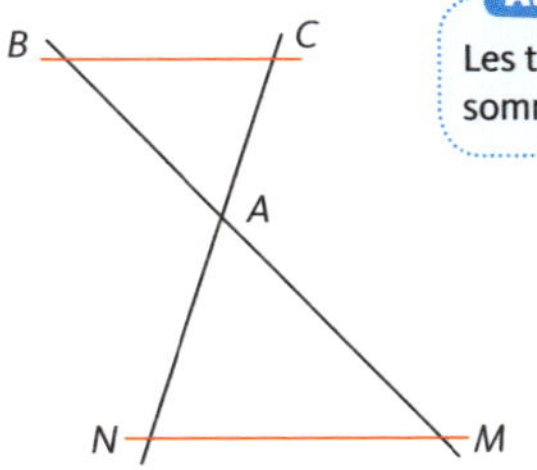

Aide
Les triangles ont des sommets **alignés.**

Les droites (MN) et (BC) sont parallèles.
Les triangles ABC et AMN sont en configuration de Thalès.

- Les triangles sont alors dans une relation d'**agrandissement/réduction** l'un de l'autre.

B Le théorème

Théorème de Thalès : Si deux triangles sont en configuration de Thalès, alors leurs côtés ont des longueurs **proportionnelles**.

À quoi ça sert ?
Le théorème de Thalès sert à **calculer des longueurs**.

- On traduit cela sous la forme d'une égalité de rapports :

Exemple :

$$\frac{AM}{AB} = \frac{AN}{AC} = \frac{MN}{BC}$$

← 3 longueurs de AMN (numérateurs)
← 3 longueurs de ABC (dénominateurs)

alignés — alignés — parallèles

Aide
On a écrit le coefficient de proportionnalité, calculé pour chaque paire de côtés.

Remarque : Pour calculer ensuite des longueurs, on utilise le **produit en croix** :

$$\textbf{Si } \frac{a}{b} = \frac{c}{d}, \textbf{ alors } a \times d = b \times c.$$

On obtient alors par exemple $a = \dfrac{b \times c}{d}$ ou bien encore $b = \dfrac{a \times d}{c}$.

2 Application

EXO 1 **Sur la figure ci-contre, les droites (*AT*) et (*HS*) sont parallèles.**
On donne (en centimètres) :
$MA = 3$, $MH = 5$, $MS = 8{,}5$ et $AT = 4{,}2$.

Calculer les longueurs *MT* et *SH*.

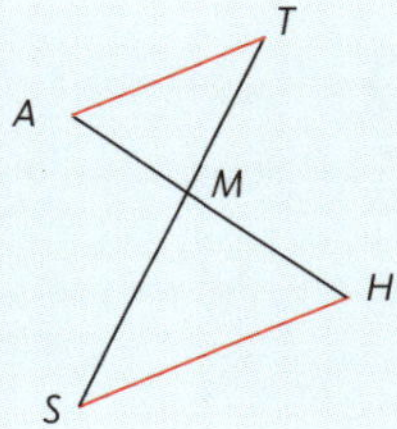

Solution

Les droites (*TS*) et (*AH*) sont sécantes en *M* et les droites (*AT*) et (*HS*) sont parallèles.

D'abord s'assurer que les triangles sont en configuration de Thalès.

On peut donc appliquer le théorème de Thalès.

Puis on peut ensuite citer le théorème utilisé.

On obtient : $\frac{MA}{MH} = \frac{MT}{MS} = \frac{AT}{SH}$

Puis : $\frac{3}{5} = \frac{MT}{8{,}5} = \frac{4{,}2}{SH}$

Donc : $MT = \frac{3 \times 8{,}5}{5} = 5{,}1$

Et : $SH = \frac{4{,}2 \times 5}{3} = 7$

- Écrire les rapports égaux, à l'aide uniquement des longueurs des triangles.
- Remplacer les longueurs connues.
- Utiliser le produit en croix pour calculer les longueurs demandées.

Mémo'Quiz

Sur la figure ci-contre :

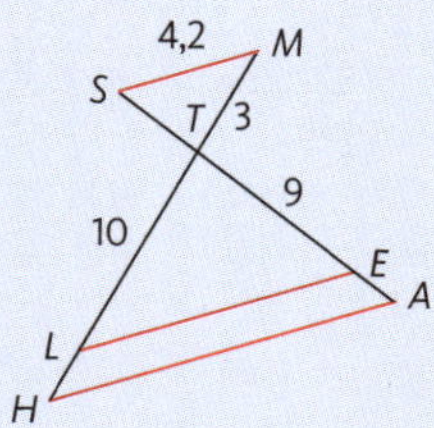

1. Avec (*LE*) // (*HA*), on a : $\frac{TL}{TH} = \frac{TE}{TA} = \frac{HA}{LE}$

❑ Vrai ❑ Faux

2. Avec (*LE*) // (*SM*), on a : $\frac{ST}{SE} = \frac{MT}{ML} = \frac{SM}{LE}$

❑ Vrai ❑ Faux

3. Avec (*SM*) // (*HA*), on a : $\frac{TS}{TA} = \frac{TM}{TH} = \frac{SM}{HA}$

❑ Vrai ❑ Faux

4. $ST = 2{,}7$ ❑ Vrai ❑ Faux

5. $LE = 18{,}2$ ❑ Vrai ❑ Faux

→ corrigés p. 95

© Nathan 2012 – Mes fiches ABC

Démontrer que deux droites sont parallèles

28

Lue Relue Apprise

1 L'essentiel du cours

A La réciproque du théorème de Thalès

Théorème de Thalès (réciproque) : Si $M \in (AB)$ et $N \in (AC)$ tels que A, M, B d'une part et A, N, C d'autre part sont alignés dans le **même ordre**, et si $\frac{AM}{AB} = \frac{AN}{AC}$, alors les droites (MN) et (BC) sont parallèles.

Aide

Les rapports sont les mêmes que pour le théorème de Thalès.

Remarque :

- L'hypothèse « alignés dans le même ordre » est importante, comme le prouve l'exemple ci-contre.

Bien qu'ici $\frac{AM}{AB} = \frac{AN}{AC} = \frac{1}{3}$, l'ordre des points n'est pas respecté : le point N appartient au segment $[AC]$ mais M n'appartient pas au segment $[AB]$.
Les droites (MN) et (BC) ne sont pas parallèles.

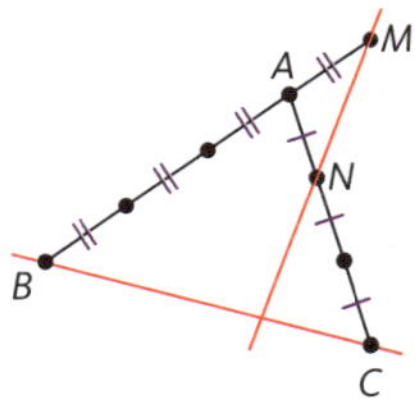

B Où les droites ne sont pas parallèles

Si les rapports ne sont pas égaux, les droites ne sont pas parallèles. Ce n'est alors pas la réciproque du théorème de Thalès qui s'applique (puisque celui-ci conclut par l'affirmative), mais le théorème lui-même !

2 Applications

EXO 1 Démontrer que les droites (MN) et (BC) sont parallèles.

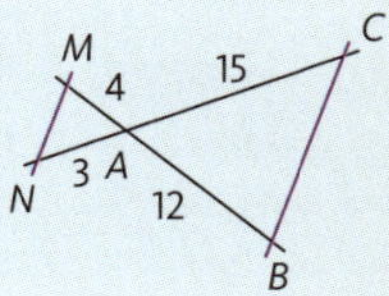

Solution

$\frac{AM}{AB} = \frac{4}{12} = \frac{1}{3}$

$\frac{AN}{AC} = \frac{3}{15} = \frac{1}{3}$

Donc $\frac{AM}{AB} = \frac{AN}{AC}$

Commencer par démontrer l'égalité, en prenant soin de calculer chaque rapport séparément.

A, *M*, *B* et *A*, *N*, *C* sont alignés dans le **même ordre**.
D'après la réciproque du théorème de Thalès, les droites (*MN*) et (*BC*) sont parallèles.

- Penser à écrire que l'égalité est vraie. Puis vérifier l'ordre des points.
- Conclure grâce au théorème, en le citant.

EXO 2 **Les diagonales d'un quadrilatère *ABCD* se coupent en *O* de sorte que : *OA* = 2 ; *OB* = 7 ; *OC* = 5 ; *OD* = 2,8**
Ce quadrilatère possède-t-il deux côtés parallèles ?

Solution

Testons les droites (*AB*) et (*DC*) :

$\frac{OA}{OC} = \frac{2}{5} = 0{,}4$

$\frac{OB}{OD} = \frac{7}{2{,}8} = 2{,}5$

Donc $\frac{OA}{OC} \neq \frac{OB}{OD}$

Or d'après le théorème de Thalès, si les droites (*AB*) et (*DC*) étaient parallèles, les rapports $\frac{OA}{OC}$ et $\frac{OB}{OD}$ seraient égaux.
Comme ils ne le sont pas, les droites (*AB*) et (*DC*) ne sont pas parallèles.
Testons les droites (*AC*) et (*DB*) :

$\frac{OA}{OC} = \frac{2}{5} = 0{,}4$

$\frac{OD}{OB} = \frac{2{,}8}{7} = 0{,}4$

Donc $\frac{OA}{OC} = \frac{OD}{OD}$

- Un schéma à main levée aide toujours à écrire les rapports à calculer :

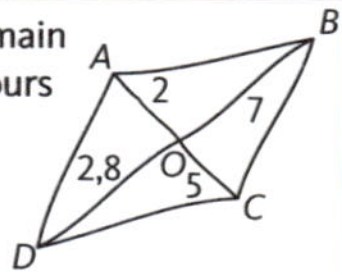

- Dans le premier cas, les rapports n'étant pas égaux, il n'est pas nécessaire de préciser l'ordre d'alignement des points.
- Ici, les résultats des rapports tombent juste, on peut donc utiliser une écriture décimale pour les comparer. En revanche, si ce n'est pas le cas, il faut garder les formes fractionnaires, et les simplifier pour pouvoir les comparer.

De plus *A*, *O*, *C* d'une part, et *D*, *O*, *B* d'autre part, sont alignés dans le **même ordre**. D'après la réciproque du théorème de Thalès, les droites (*AC*) et (*DB*) sont parallèles.

Mémo'Quiz

Sur la figure ci-contre :

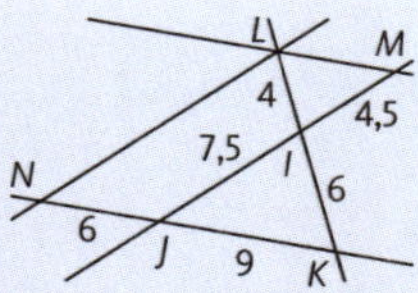

1. Pour prouver que (*LN*) et (*IJ*) sont parallèles, on compare $\frac{LI}{LK}$ et $\frac{NJ}{NK}$. ❑ Vrai ❑ Faux
2. (*LN*) et (*IJ*) sont parallèles. ❑ Vrai ❑ Faux
3. Pour prouver que (*LM*) et (*JK*) sont parallèles, on compare $\frac{IL}{IK}$ et $\frac{IM}{IJ}$. ❑ Vrai ❑ Faux
4. (*LM*) et (*JK*) sont parallèles. ❑ Vrai ❑ Faux

→ corrigés p. 95

© Nathan 2012 – Mes fiches ABC

Le théorème de Pythagore : calcul d'une longueur

29

Lue Relue Apprise

1 L'essentiel du cours

A Théorème de Pythagore

Propriété : Si un triangle est rectangle, alors le carré de la longueur de l'hypoténuse est égal à la somme des carrés des longueurs de deux autres côtés.

Vocabulaire

L'hypoténuse d'un triangle rectangle est le côté opposé à l'angle droit. C'est le plus grand côté du triangle.

Exemple : D'après le codage, le triangle ABC ci-contre est rectangle en A. Le théorème de Pythagore donne donc la relation :

$BC^2 = AB^2 + AC^2$

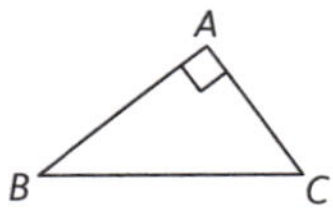

B Calculer la longueur d'une hypoténuse

Calcul de QR :

D'après le codage, le triangle PQR est rectangle en P.
D'après le théorème de Pythagore,

$$\begin{aligned} QR^2 &= PR^2 + PQ^2 \\ &= 4^2 + 6^2 \\ &= 16 + 36 \\ &= 52 \end{aligned}$$

$$\begin{aligned} \text{donc } QR &= \sqrt{52} = \sqrt{4 \times 13} \\ &= \sqrt{4} \times \sqrt{13} \\ &= 2\sqrt{13} \text{ cm} \end{aligned}$$

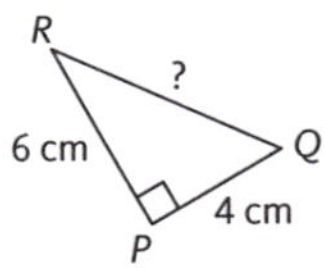

C Calculer la longueur d'un côté autre que l'hypoténuse

Calcul de MN :

D'après le codage, le triangle MNK est rectangle en M.
D'après le théorème de Pythagore,

$$\begin{aligned} NK^2 &= MK^2 + MN^2 \\ 7^2 &= 5^2 + MN^2 \\ MN^2 &= 49 - 25 \\ &= 24 \end{aligned}$$

$$\begin{aligned} \text{donc } MN &= \sqrt{24} = \sqrt{4 \times 6} \\ &= \sqrt{4} \times \sqrt{6} \\ &= 2\sqrt{6} \text{ cm} \end{aligned}$$

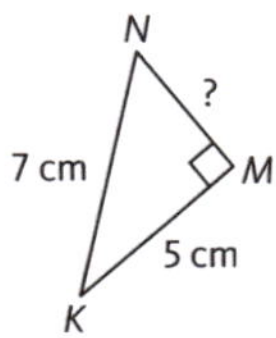

2 Application

EXO 1 **1. Calculer, au dixième près, la valeur de *BC*.**

2. Calculer la valeur exacte de *BD*.

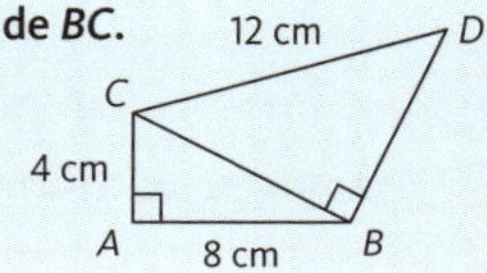

Solution

1. Le triangle *ABC* est rectangle en *A*.
D'après le théorème de Pythagore,

$BC^2 = AB^2 + AC^2$
$= 8^2 + 4^2$
$= 64 + 16$
$= 80$

Donc $BC = \sqrt{80} \approx 8{,}9$ cm.

2. Le triangle *BCD* est rectangle en *B*.
D'après le théorème de Pythagore,

$CD^2 = BC^2 + BD^2$

Or, d'après la question **1**, $BC^2 = 80$.

donc $12^2 = 80 + BD^2$
$BD^2 = 144 - 80$
$BD^2 = 64$

Donc $BD = \sqrt{64} = 8$ cm.

- Ne jamais oublier de préciser (après l'avoir éventuellement démontré) que le triangle est rectangle, et en quel point.
- Pour arrondir un nombre au dixième, on regarde si le chiffre des centièmes est supérieur ou inférieur à 5, pour arrondir au dessus ou au dessous.
- Toujours écrire l'égalité de Pythagore telle qu'elle est donnée par le théorème (avec l'hypoténuse en premier).
- Il est très important de réinjecter la valeur exacte de BC^2, et non pas sa valeur approchée. Il est sinon impossible d'avoir la valeur exacte de *BD* !

Mémo'Quiz

1. La diagonale d'un carré de côté 1 cm mesure :

❑ 1 cm ❑ 1,4 cm ❑ $\sqrt{2}$ cm

2. La diagonale d'un rectangle de côtés 4 cm et 5 cm mesure :

❑ 9 cm ❑ $\sqrt{9}$ cm ❑ $\sqrt{41}$ cm

3. Le côté d'un carré de diagonale 10 cm mesure :

❑ environ 7 cm ❑ environ 5 cm ❑ environ 14 cm

4. La diagonale d'un cube de côté 1 cm mesure :

❑ $\sqrt{2}$ cm ❑ $\sqrt{3}$ cm ❑ 2 cm

→ corrigés p. 95

© Nathan 2012 – Mes fiches ABC

Déterminer si un triangle est rectangle

30

Lue Relue Apprise

1 L'essentiel du cours

A Réciproque du théorème de Pythagore

Propriété : Dans un triangle, si le carré de la longueur du plus grand côté est égal à la somme des carrés des longueurs des deux autres côtés, alors ce triangle est rectangle.

Vocabulaire

On ne peut pas parler d'« hypoténuse » avant d'avoir prouvé que le triangle est rectangle.

B Déterminer si un triangle est rectangle

Méthode :

- On observe le plus grand côté du triangle : c'est lui qui sera l'hypoténuse éventuelle du triangle.
- On calcule le carré de la longueur de l'hypoténuse éventuelle.
- Séparément, on calcule la somme des carrés des longueurs des deux autres côtés.
- On écrit alors l'égalité (avec un signe =) ou l'inégalité (avec un signe ≠) entre les deux valeurs obtenues.
- En cas d'égalité, on en conclut que le triangle est rectangle. En cas d'inégalité, le triangle n'est pas rectangle.

Exemple 1 :

L'hypoténuse éventuelle du triangle ABC est $[BC]$.

$BC^2 = 5^2 = 25$

$AB^2 + AC^2 = 4^2 + 3^2 = 16 + 9 = 25$

On constate donc que $BC^2 = AB^2 + AC^2$.

D'après la réciproque du théorème de Pythagore, le triangle ABC est rectangle en A.

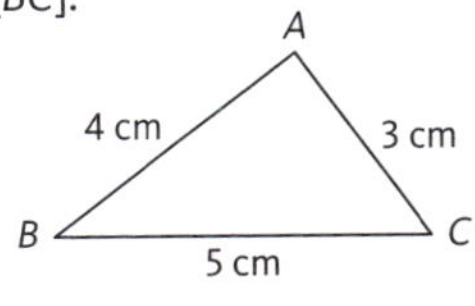

Remarque : Il n'est pas obligatoire de parler de la « réciproque » du théorème de Pythagore. Écrire « D'après le théorème de Pythagore » est suffisant dans tous les cas.

Exemple 2 :

L'hypoténuse éventuelle du triangle PQR est $[RQ]$.

$RQ^2 = 7^2 = 49$

$PR^2 + PQ^2 = 5^2 + 4^2 = 25 + 16 = 41$

On constate donc que $RQ^2 \neq PR^2 + PQ^2$.

D'après le théorème de Pythagore, le triangle PQR n'est pas rectangle.

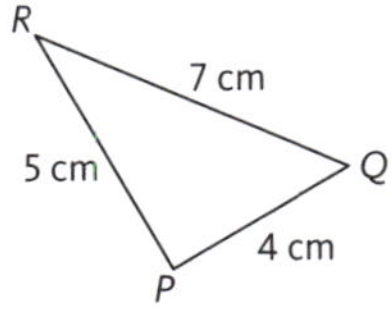

2 Application

EXO 1 Le triangle *BCD* est-il rectangle ?

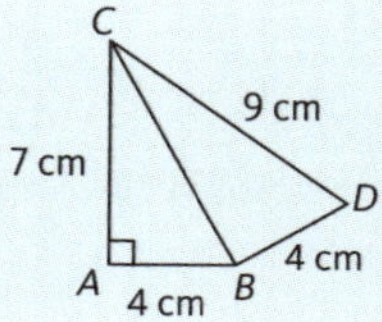

Solution

Pour pouvoir déterminer si le triangle *BCD* est rectangle, il faut connaître la longueur *BC*.

Calculons donc *BC*. Le triangle *ABC* est rectangle en *A*. D'après le théorème de Pythagore,

$BC^2 = AC^2 + AB^2$

$= 7^2 + 4^2 = 65$

Donc $BC = \sqrt{65}$ cm

Il est maintenant possible de déterminer si le triangle *BCD* est rectangle.

L'hypoténuse éventuelle est *CD*.

$CD^2 = 9^2 = 81$

$BC^2 + BD^2 = (\sqrt{65})^2 + 4^2 = 65 + 16 = 81$

On constate donc que $CD^2 = BC^2 + BD^2$.

D'après la réciproque du théorème de Pythagore, le triangle *BCD* est donc rectangle en *B*.

> Il est nécessaire de connaître les trois longueurs du triangle pour essayer d'appliquer la réciproque du théorème de Pythagore.

> Impérativement garder la valeur exacte de *BC*.

> Bien penser à séparer le calcul de CD^2 et $BC^2 + BD^2$.
> Utiliser la valeur exacte de *BC*.

Mémo'Quiz

1. **Un triangle dont les côtés mesurent 4 cm, 7 cm et 4 cm est :**

❑ rectangle ❑ isocèle ❑ isocèle et rectangle

2. **Un parallélogramme dont les côtés mesurent 3 cm et 4 cm, et dont une diagonale mesure 5 cm, est un :**

❑ rectangle ❑ losange ❑ carré

3. **Parmi les trois triplets de valeurs suivants, un seul correspond aux mesures des trois côtés d'un triangle rectangle :**

❑ 3-4-7 ❑ 11-13-17 ❑ 9-12-15

→ corrigés p. 95

© Nathan 2012 – Mes fiches ABC

Calculer une mesure d'angle

31

Lue Relue Apprise

1 L'essentiel du cours

A Cosinus, sinus, tangente

Définitions :
Dans un triangle rectangle, on définit le cosinus, sinus et tangente d'un angle α par les formules :

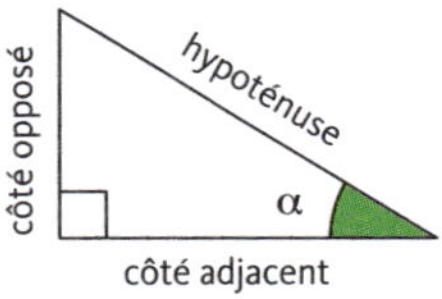

- $\cos(\alpha) = \dfrac{\text{longueur du côté adjacent}}{\text{longueur de l'hypoténuse}}$
- $\sin(\alpha) = \dfrac{\text{longueur du côté opposé}}{\text{longueur de l'hypoténuse}}$
- $\tan(\alpha) = \dfrac{\text{longueur du côté opposé}}{\text{longueur du côté adjacent}}$

Exemple : Dans le triangle rectangle *ABC*,

- $\cos(\widehat{ACB}) = \dfrac{4}{5} = 0{,}8$
- $\sin(\widehat{ACB}) = \dfrac{3}{5} = 0{,}6$
- $\tan(\widehat{ACB}) = \dfrac{3}{4} = 0{,}75$

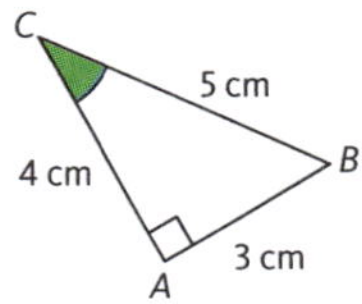

B Utiliser une calculatrice pour retrouver un angle

Les calculatrices permettent de calculer le cosinus (ou sinus, ou tangente) d'un angle, mais aussi de trouver à quel angle correspond un cosinus (ou sinus, ou tangente) donné.

Exemple : Retrouvons la mesure de l'angle $\widehat{ACB}$ de l'exercice précédent :
On sait que $\cos(\widehat{ACB}) = 0{,}8$.
Pour « inverser » le cosinus grâce à la calculatrice, on utilise le touche [Inv] (touche en haut à gauche de votre calculatrice, parfois nommée [2nde] ou [Shift])
On tape donc [Inv] [cos] [0] [.] [8]
L'écran de la calculatrice affiche [36.86989765], qui est une valeur approchée de l'angle aigu ayant pour cosinus 0,8.
On peut donc dire que l'angle $\widehat{ACB}$ est environ égal à 37 °.

Calculatrice
Vérifiez que votre calculatrice est bien en mode « degrés »

Remarque : La calculatrice nous aurait donné le même résultat si on avait cherché à trouver l'angle $\widehat{ACB}$ par la valeur de son sinus (0,6) ou de sa tangente (0,75).
Il suffit de taper l'instruction [Inv] [sin] [0] [.] [6] ou bien [Inv] [tan] [0] [.] [7] [5]

2 Application

EXO 1 **Quelle est la mesure de l'angle $\widehat{ACD}$?**

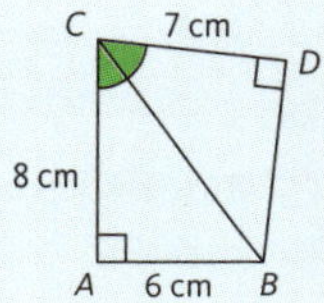

Solution

$\widehat{ACD} = \widehat{ACB} + \widehat{BCD}$

- Calcul de $\widehat{ACB}$:

Dans le triangle rectangle ACB, $\tan(\widehat{ACB}) = \dfrac{AB}{AC} = \dfrac{6}{8} = 0{,}75$.

Avec la calculatrice, on trouve donc $\widehat{ACB} \approx 37°$

- Calcul de $\widehat{BCD}$:

D'après le théorème de Pythagore dans le triangle rectangle CAB, $BC^2 = AB^2 + AC^2 = 6^2 + 8^2 = 100$, d'où $BC = 10$ cm.

Dans le triangle rectangle CDB, $\cos(\widehat{BCD}) = \dfrac{CB}{CB} = \dfrac{7}{10} = 0{,}7$

Avec la calculatrice, on trouve donc $\widehat{BCD} \approx 46\,°$

- $\widehat{ACD} = \widehat{ACB} + \widehat{BCD} \approx 83°$

> • Les côtés dont on connaît les mesures ([AB] et [AC]) sont le côté opposé et le côté adjacent : ils permettent donc de trouver la tangente de l'angle $\widehat{ACB}$.
>
> • Taper : [Inv] [tan] [0] [.] [7] [5].

> Toujours penser au théorème de Pythagore dans le triangle rectangle : si on connaît deux longueurs, on peut calculer la troisième.

> On ajoute les deux mesures calculées : la valeur est une valeur approchée.

Mémo'Quiz

1. L'angle aigu dont le cosinus vaut 0,5 est :

❑ 30° ❑ 50° ❑ 60°

2. L'angle aigu dont la tangente vaut 1 est :

❑ 0° ❑ 45° ❑ 90°

3. Dans un triangle rectangle dont les côtés mesurent 8 cm, 15 cm et 17 cm, le plus petit angle mesure :

❑ environ 28° ❑ environ 62° ❑ environ 0,47°

→ corrigés p. 95

© Nathan 2012 – Mes fiches ABC

Calculer une longueur grâce à la trigonométrie

32

Lue Relue Apprise

1 L'essentiel du cours

A Rappels

Produit en croix : Si $\frac{a}{b} = \frac{c}{d}$, alors $a \times d = b \times c$

• **conséquence :** Si $k = \frac{a}{b}$, alors $k \times b = a$. Cette relation va être utilisée ci-dessous.

Aide

Il suffit d'écrire : $k = \frac{k}{1}$ et de faire un produit en croix.

Formules de trigonométrie :

• $\cos = \frac{\text{côté adjacent}}{\text{hypoténuse}}$ • $\sin = \frac{\text{côté opposé}}{\text{hypoténuse}}$ • $\tan = \frac{\text{côté opposé}}{\text{côté adjacent}}$

B Calculer une longueur dans un triangle rectangle

Dans un triangle rectangle, il suffit de connaître la longueur d'un côté et la mesure d'un angle (autre que l'angle droit) pour pouvoir calculer la longueur des deux autres côtés.

Exemple 1 :

Calculons la longueur du côté [*AB*] :

Le côté [*AB*] est le côté adjacent de l'angle qui est connu. Comme on connaît aussi la longueur de l'hypoténuse, on va utiliser la formule du cosinus :

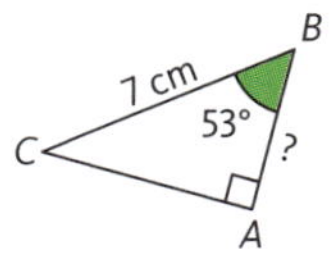

$\cos(\widehat{ABC}) = \frac{AB}{BC}$, donc $\cos(53) = \frac{AB}{7}$

On a donc $\cos(53) \times 7 = AB$

Finalement, à l'aide de la calculatrice, $AB = \cos(53) \times 7 \approx 4{,}2$ cm

Exemple 2 :

Calculons la longueur du côté [*RP*] :

Le côté [*RP*] est le côté adjacent de l'angle qui est connu. Comme on connaît aussi la longueur du côté opposé, on va utiliser la formule de la tangente :

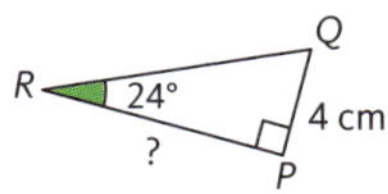

$\tan(\widehat{PRQ}) = \frac{QP}{RP}$, donc $\tan(24) = \frac{4}{RP}$

On a donc $\tan(24) \times \text{RP} = 4$

Ce qui donne $\text{RP} = \frac{4}{\tan(24)}$

Finalement, à l'aide la calculatrice, $RP \approx 9$ cm.

2 Application

EXO 1 **1. Donner un arrondi au dixième de la longueur *AC*.**

2. En déduire un arrondi au dixième de la longueur *CB*.

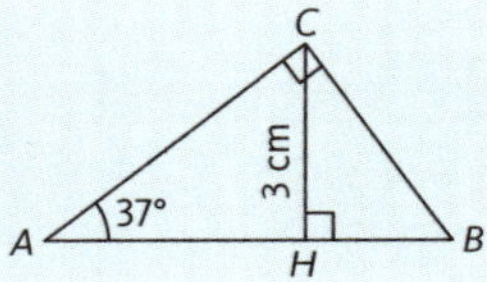

Solution

1. Dans le triangle rectangle AHC, $\sin(\widehat{HAC}) = \frac{CH}{AC}$.

Donc $\sin(37) = \frac{3}{AC}$,

d'où $\sin(37) \times AC = 3$,

et donc $AC = \frac{3}{\sin(37)} \approx 4{,}98$ cm.

L'arrondi au dixième de *AC* est donc 5,0 cm.

> On commence par travailler dans le triangle *AHC* car on ne connaît aucune longueur du triangle *ABC*.

> • Attention : comme il est demandé un arrondi au dixième, il faut impérativement donner un résultat avec un chiffre après la virgule (ici, 0).
>
> • Il est maintenant possible de travailler dans le triangle *ABC* car on connaît la longueur *AC*.

2. Dans le triangle rectangle *ABC*, $\tan(\widehat{BAC}) = \frac{CB}{AC}$.

Donc $\tan(37) \approx \frac{CB}{5}$,

d'où $CB \approx 5 \times \tan(37) \approx 3{,}76$.

L'arrondi au dixième de *CB* est donc 3,8 cm.

> Une autre méthode de calcul de *CB* est possible en utilisant le sinus de l'angle $\widehat{HBC}$.

Mémo'Quiz

On considère la figure de l'exercice d'application précédent.

1. Dans le triangle *AHC*, $\tan(\widehat{HAC})$ est égal à :

❑ $\frac{CH}{AC}$ ❑ $\frac{CH}{AH}$ ❑ $\frac{CH}{CB}$

2. La longueur du côté [AH] est égale à :

❑ $\frac{CH}{\tan(37)}$ ❑ $\frac{\tan(37)}{CH}$ ❑ $CH \times \tan(37)$

3. Une seule des égalités ci-dessous est vraie :

❑ $BC = AB \times \sin(37)$ ❑ $BC = \frac{AB}{\sin(37)}$ ❑ $BC = \frac{\sin(37)}{AB}$

→ corrigés p. 95

© Nathan 2012 – Mes fiches ABC

Calculer des mesures d'angles dans un cercle

33

Lue Relue Apprise

1 L'essentiel du cours

Définition : Si A, B et M sont des points d'un cercle $\mathscr{C}$ de centre O.

- L'angle $\widehat{AMB}$ est appelé angle **inscrit** dans $\mathscr{C}$.
- L'angle $\widehat{AOB}$ est appelé angle **au centre**.
- On dit que ces angles **interceptent** l'arc $\overset{\frown}{AB}$.

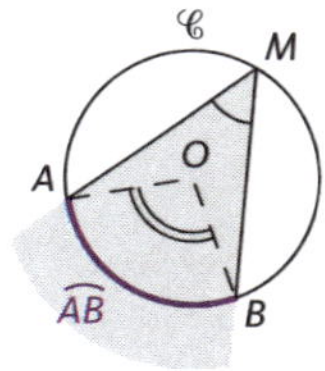

Exemples :

$\widehat{AMB}$ n'est pas un angle inscrit puisque le point M n'appartient pas au cercle.
$\widehat{ANB}$ est un angle inscrit.

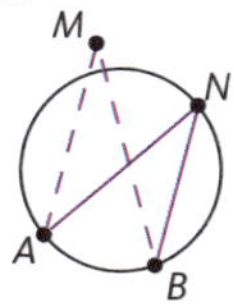

$\widehat{AIB}$ n'est pas un angle au centre car le point I n'est pas le centre du cercle. L'angle au centre est $\widehat{AOB}$.

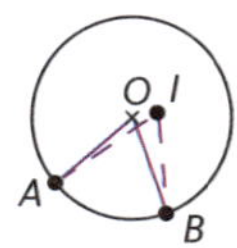

Conseil
Connaissant l'une, on peut ainsi calculer l'autre.

Propriété : Si un angle inscrit dans un cercle et un angle au centre interceptent le **même arc**, alors la mesure de l'angle au centre est égale au double de la mesure de l'angle inscrit.

Exemple : Sur la figure précédente, on a :
$\widehat{AOB} = 2 \times \widehat{AMB}$ et $\widehat{AMB} = \dfrac{1}{2} \times \widehat{AOB}$

Attention
Ne pas confondre double et moitié !

Conséquence : Si deux angles inscrits dans un même cercle interceptent le même arc, alors ils sont de même mesure.

Exemple : Sur la figure ci-contre, on a : $\widehat{AMT} = \widehat{AHT}$

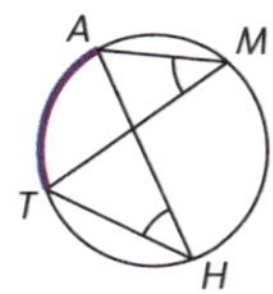

Remarque : Un cas délicat. Sur la figure ci-contre, les deux angles $\widehat{AMB}$ et $\widehat{ANB}$ n'interceptent pas le **même** arc $\overset{\frown}{AB}$:

1. $\widehat{AMB}$ intercepte le « petit arc » $\overset{\frown}{AB}$ (en rouge), avec l'angle au centre $\widehat{AOB}$ associé (en rouge).

2. $\widehat{ANB}$ intercepte le « grand arc » $\overset{\frown}{AB}$ (en bleu), avec l'angle au centre $\widehat{AOB}$ associé (en bleu).

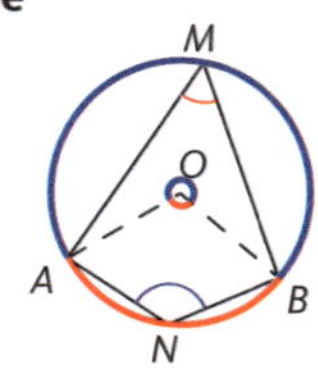

2 Application

EXO 1 **1. Déterminer la mesure des angles $\widehat{ROT}$ et $\widehat{RST}$.**

2. Déteminer la mesure de l'angle $\widehat{RVT}$.

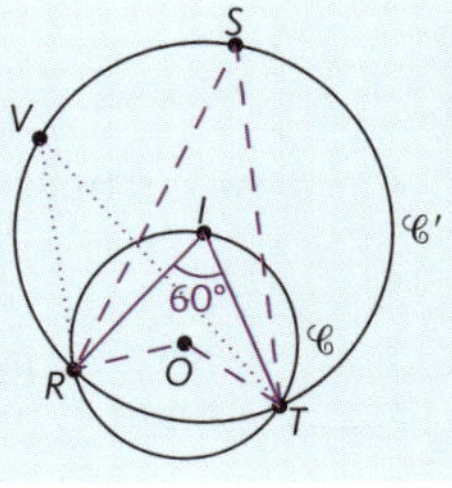

Solution

1. • Dans le cercle 𝒞, $\widehat{ROT}$ est un angle au centre et $\widehat{RIT}$ est un angle inscrit qui interceptent le même arc $\overset{\frown}{RT}$.
Donc : $\widehat{ROT} = 2 \times \widehat{RIT} = 2 \times 60 = 120°$.
• Dans le cercle 𝒞', $\widehat{RIT}$ est un angle au centre et l'angle $\widehat{RST}$ est un angle inscrit qui interceptent le même arc $\overset{\frown}{RT}$.
Donc : $\widehat{RST} = \frac{1}{2} \times \widehat{RIT} = \frac{1}{2} \times 60 = 30°$.

> Repérer l'angle au centre correspondant à l'angle inscrit demandé (ou vice-versa), puis appliquer la relation dans le bon sens.

2. $\widehat{RVT}$ et $\widehat{RST}$ sont deux angles inscrits qui interceptent le même arc $\overset{\frown}{RT}$ dans le cercle 𝒞'. Ils sont donc de même mesure. D'où $\widehat{RVT} = 30°$.

> Dans la rédaction des réponses, bien préciser que les angles interceptent le même arc (dans le même cercle).

Mémo'Quiz

Sur la figure ci-contre :

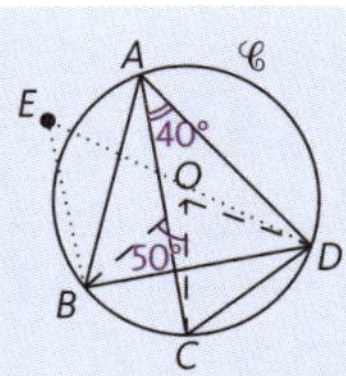

1. **$\widehat{BED}$ est un angle...**
❑ au centre ❑ inscrit dans 𝒞 ❑ ni l'un ni l'autre

2. **$\widehat{COD}$ est un angle...**
❑ au centre ❑ inscrit dans 𝒞 ❑ ni l'un ni l'autre

3. **$\widehat{BAC}$ = ...** ❑ $\widehat{BCD}$ ❑ $\widehat{BDC}$ ❑ $\widehat{CAD}$

4. **$\widehat{BAC}$ = ...** ❑ 50° ❑ 100° ❑ 25°

5. **$\widehat{COD}$ = ...** ❑ 40° ❑ 80° ❑ 20°

→ corrigés p. 95

© Nathan 2012 – Mes fiches ABC

Démontrer qu'un triangle inscrit dans un cercle est rectangle

34

Lue Relue Apprise

1 L'essentiel du cours

A Le cercle circonscrit

Définition : Les médiatrices des côtés d'un triangle sont **concourantes**. Leur point d'intersection est le centre d'un cercle passant par les 3 sommets du triangle : on l'appelle le cercle **circonscrit** au triangle.

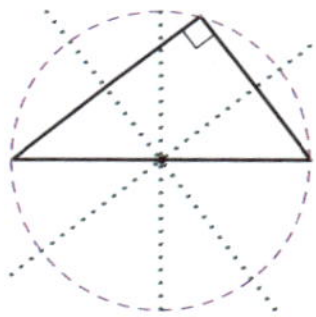

Propriété : Le centre du cercle circonscrit à un triangle rectangle est le milieu de son hypoténuse.

Vocabulaire

Une médiane d'un triangle joint un sommet au milieu du côté opposé.

Remarque : Si un triangle est rectangle, la longueur de la médiane issue de l'angle droit est alors égale à la moitié de la longueur de l'hypoténuse. En effet, cette médiane est un **rayon** du cercle circonscrit.

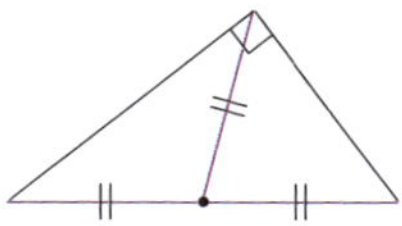

B Caractérisation des points du cercle

Propriété : Si un triangle est **inscrit** dans un cercle **et** si un de ses côtés est un **diamètre** du cercle, alors ce triangle est rectangle.

Attention

Il y a **deux** conditions à vérifier.

Exemples :

- *PRS* est inscrit dans le cercle, mais aucun de ses côtés n'est un diamètre : *PRS* n'est pas rectangle.
- *MNT* a un côté qui est un diamètre ([*MN*]), mais *T* n'appartient pas au cercle : *MNT* n'est pas rectangle.

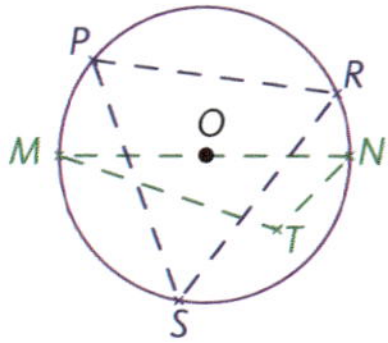

- Les triangles *MNA*, *MNB* et *MNC* sont inscrits dans le cercle **et** ont pour côté le diamètre [*MN*] : ils sont rectangles.

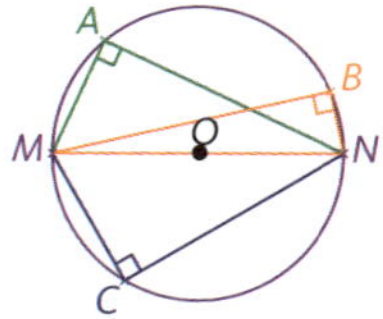

2 Applications

EXO 1 **[AB] est un segment de longueur 6 cm et on note *I* son milieu. *C* est un point tel que *IC* = 3 cm.**
Démontrer que *ABC* est un triangle rectangle.

Solution

• Comme *I* est le milieu du segment [*AB*], on a $IA = IB = \frac{6}{2} = 3$ cm.
Le point *I* est donc équidistant des 3 points *A*, *B* et *C* : c'est le centre du cercle circonscrit au triangle *ABC*.

• L'important est de trouver le bon cercle lorsqu'il n'y en a pas d'explicite dans l'énoncé.
• Penser à bien préciser que les **deux** conditions sont réunies pour conclure.

• Le triangle *ABC* est donc inscrit dans un cercle de diamètre [*AB*] : il est donc rectangle en *C*.

EXO 2 **Sur la figure ci-contre, *O* est le centre du cercle de diamètre [*AC*] et *O′* celui du cercle de diamètre [*AO*].**

Prouver que les droites (*OB*) et (*CD*) sont parallèles.

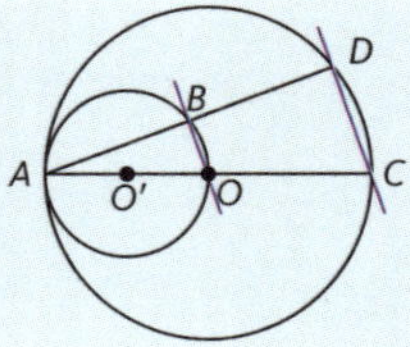

Solution

• Le triangle *ABO* est inscrit dans le cercle de centre *O′* et [*AO*] en est un diamètre, donc *ABO* est rectangle en *B*.
Le triangle *ACD* est inscrit dans le cercle de centre *O* et [*AC*] en est un diamètre, donc *ACD* est rectangle en *D*.

Reconnaître une situation de droites perpendiculaires à une même troisième droite, puis le prouver.

• Les droites (*OB*) et (*CD*) sont toutes deux perpendiculaires à la droite (*AC*), donc elles sont parallèles.

Mémo'Quiz

1. *ATC* est rectangle en *T*.	❑ Vrai	❑ Faux
2. *ABC* est rectangle en *B*.	❑ Vrai	❑ Faux
3. *OCD* est rectangle en *D*.	❑ Vrai	❑ Faux
4. $OD = \frac{AC}{2}$	❑ Vrai	❑ Faux

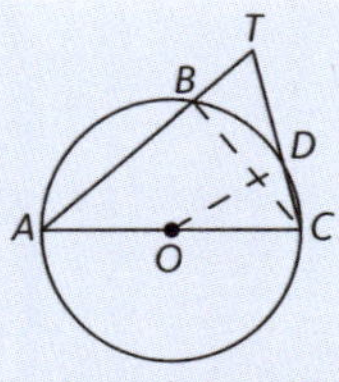

→ corrigés p. 95

© Nathan 2012 – Mes fiches ABC

Construire un polygone régulier

35

☐ Lue ☐ Relue ☐ Apprise

1 L'essentiel du cours

Définition : Un polygone est dit **régulier** si tous ses côtés sont égaux et si tous ses angles sont de même mesure.

Exemples : Un triangle équilatéral, un carré sont des polygones réguliers.

Attention
Un losange n'est pas régulier car ses 4 angles ne sont pas tous de même mesure.

Propriétés :
- Tout polygone régulier possède un **cercle circonscrit**.
- Les angles au centre d'un polygone régulier à n côtés ont tous pour mesure $360° \div n$.

Attention
Ne pas confondre angle du polygone et angle au centre.

Exemples :

Triangle équilatéral ($n = 3$) : $\alpha = 360 \div 3 = 120°$

Carré ($n = 4$) : $\alpha = 360 \div 4 = 90°$

Octogone régulier ($n = 8$) : $\alpha = 360 \div 8 = 45°$

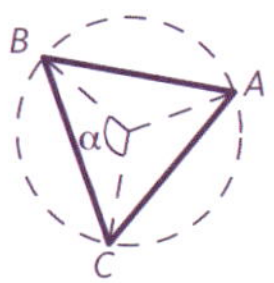

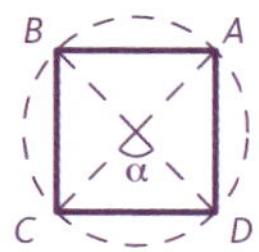

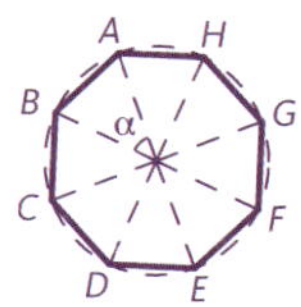

2 Applications

EXO 1 **L'hexagone régulier**
Construire un hexagone régulier de centre O et de côté 4 cm.

Solution

Un hexagone a 6 côtés, donc chaque angle au centre mesure $360 \div 6 = 60°$.
L'hexagone est donc composé de 6 triangles équilatéraux.
Le rayon du cercle circonscrit est donc 4 cm. Sur ce cercle, on reporte 6 fois le rayon pour obtenir les sommets de l'hexagone.

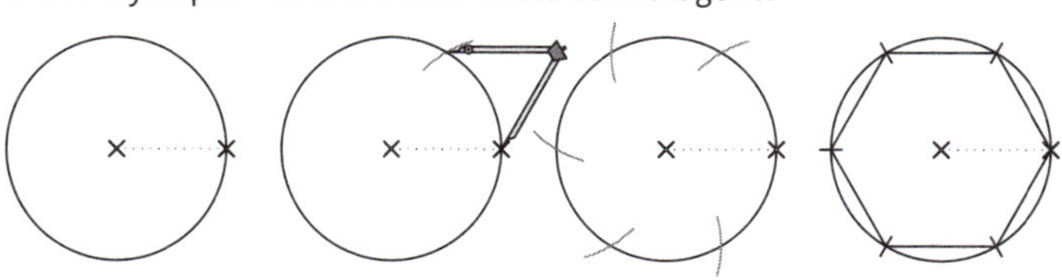

EXO 2 **Le pentagone régulier**

***MATHS* est un pentagone régulier, de coté 4 cm et *O* est le centre de son cercle circonscrit.**

1. Calculer $\widehat{MOA}$ puis en déduire l'angle $\widehat{MAO}$.

2. Construire le pentagone *MATHS*.

Solution

1. Un pentagone possède 5 côtés, donc $\widehat{MOA} = \frac{360}{5} = 72°$.

> Appliquer la formule du cours.

Le triangle *MAO* est isocèle, donc ses angles à la base sont égaux.
De plus la somme de ses angles est égale à 180°. Donc :

$$\widehat{MAO} = \frac{180 - 72}{2} = \frac{108}{2} = 54°.$$

> Utiliser les propriétés sur la somme des angles d'un triangle et des angles du triangle isocèle.

2.

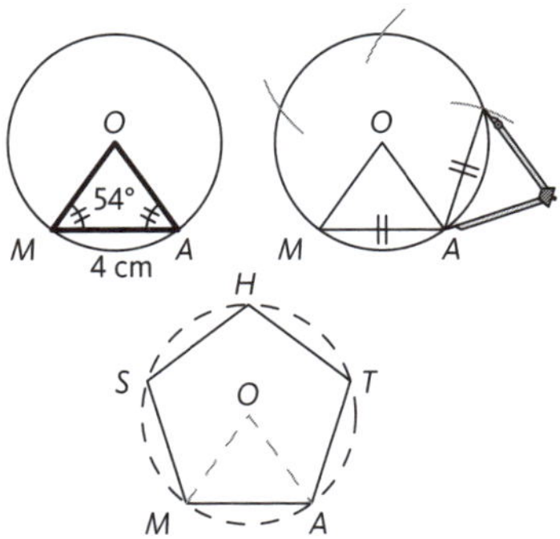

> • Commencer par construire le triangle *MAO* connaissant un côté et deux angles, puis le cercle circonscrit.
>
> • Reporter sur le cercle la longueur des côtés (4 cm).
>
> • Finir la construction en reliant les sommets obtenus.

Mémo'Quiz

1. Les angles d'un triangle équilatéral sont tous égaux à :

❑ 30° ❑ 120° ❑ 60°

2. Les angles d'un décagone régulier (10 côtés) sont tous égaux à :

❑ 36° ❑ 72° ❑ 144°

3. Un polygone régulier dont la mesure des angles au centre est 30° possède :

❑ 18 côtés ❑ 12 côtés ❑ 6 côtés

→ corrigés p. 95

© Nathan 2012 – Mes fiches ABC

Calculer une aire

36

Lue Relue Apprise

Dans l'espace, la stratégie est la même que dans le plan : on découpe en surfaces dont on sait calculer l'aire.

1 L'essentiel du cours

A Effet d'un agrandissement, d'une réduction

Propriété : Lors d'un agrandissement ou d'une réduction de rapport $\boldsymbol{k}$, l'aire d'une surface est multipliée par $\boldsymbol{k^2}$.

Exemples :

- Si on double les dimensions d'une figure, son aire est multipliée par 4.
- Un plan à l'échelle $\frac{1}{10}$ a une aire égale à $\frac{1}{100}$ de l'aire initiale.

Aide

Si $k < 1$, on parle de réduction ;
Si $k > 1$, on parle d'agrandissement.

B À propos de la sphère

Propriété : L'aire $\mathscr{A}$ d'une sphère de rayon r est donnée par la formule : $\mathscr{A} = 4 \times \pi \times r^2$

Attention

Ne pas confondre rayon et diamètre.

2 Applications

EXO 1 **Un menuisier fabrique un jouet composé d'une demi sphère, d'un cylindre et d'un cône, tous de même rayon de base 2 cm, dont un croquis est donné ci-contre.**

1. Calculer l'aire latérale de ce jouet.

2. Pour décorer sa boutique, il réalise un grand modèle, agrandi 12 fois. Quelle est l'aire de ce grand modèle ? Arrondir au cm².

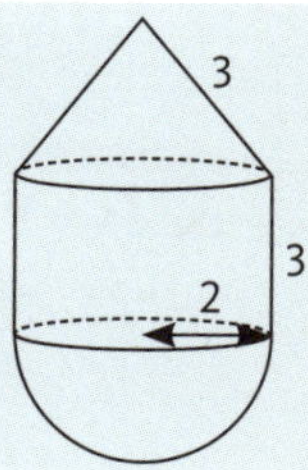

Solution

1. • Périmètre du cercle de base (de rayon 2 cm) : $\mathscr{P} = 2 \times \pi \times 2 = 4\pi$

Périmètre du cercle de rayon 3 cm :

$\mathscr{P}' = 2 \times \pi \times 3 = 6\pi$

L'aire latérale du cône est donc égale à $\frac{4\pi}{6\pi} = \frac{2}{3}$ de l'aire du disque de rayon 3 cm.

$\mathscr{A}_{\text{cône}} = \pi \times 3^2 \times \frac{2}{3} = 6\,\pi$

Une fois dépliée, la surface latérale du cône est une portion du disque dont le rayon est la génératrice du cône (ici de longueur 3 cm). Son aire est proportionnelle à la longueur de son arc, qui correspond au périmètre du cercle de base.

- $\mathcal{A}_{\text{cylindre}} = 3 \times 4\pi = 12\pi$
- $\mathcal{A}_{\text{demi-sphère}} = \frac{1}{2} \times 4 \times \pi \times 2^2 = 8\pi$
- On additionne ensuite ces aires :

$\mathcal{A}_{\text{jouet}} = 6\pi + 12\pi + 8\pi = 26\pi$

Soit $\mathcal{A}_{\text{jouet}} \approx 81{,}68 \text{ cm}^2$.

2. Le grand modèle est un agrandissement de rapport 12 du jouet. On a donc :

$\mathcal{A}_{\text{grand modèle}} = 12^2 \times \mathcal{A}_{\text{jouet}}$

$\mathcal{A}_{\text{grand modèle}} = 144 \times 26\pi = 3\,744\,\pi$

Soit $\mathcal{A}_{\text{grand modèle}} \approx 11\,762 \text{ cm}^2$.

- La surface latérale d'un cylindre est un rectangle de longueur égale au périmètre du cercle de base et de largeur égale à la hauteur du cylindre.
- Ne pas oublier de diviser par 2 pour la **demi**-sphère.

Surtout ne pas multiplier les longueurs par 12 et refaire les calculs, mais appliquer l'agrandissement des aires, en multipliant par k^2.

EXO 2 **Un architecte construit une maquette d'un futur immeuble qui occupera une surface au sol de 250 m². L'échelle de la maquette est 1/50. Quelle sera la surface au sol de la maquette, exprimée en cm² ?**

Solution

$\mathcal{A}_{\text{maquette}} = \left(\frac{1}{50}\right)^2 \times \mathcal{A}_{\text{immeuble}}$

$\mathcal{A}_{\text{maquette}} = \frac{1}{2\,500} \times 2\,500\,000$

$\mathcal{A}_{\text{maquette}} = 1\,000 \text{ cm}^2$

Il n'est pas nécessaire de connaître la nature de la surface au sol.
Ne pas oublier de convertir les aires :

$1 \text{ m}^2 = 10\,000 \text{ cm}^2$

$250 \text{ m}^2 = 2\,500\,000 \text{ cm}^2$

Mémo'Quiz

1. **Si on triple les longueurs d'une figure, son aire est multipliée par :**

- ❑ 3
- ❑ $\frac{1}{3}$
- ❑ 9

2. **Si on divise les longueurs d'une figure par 4, son aire est divisée par :**

- ❑ 16
- ❑ $\frac{1}{16}$
- ❑ 4

3. **L'aire d'une sphère de 12 cm de diamètre est :**

- ❑ 576π
- ❑ 48π
- ❑ 144π

4. **Si on assimile la Terre à une sphère d'environ 6 370 km de rayon, alors son aire est d'environ :**

- ❑ 80 milliers de km²
- ❑ 510 millions de km²
- ❑ 5,1 millions de km²

→ corrigés p. 95

© Nathan 2012 – Mes fiches ABC

Calculer un volume

37

Lue Relue Apprise

1 L'essentiel du cours

A Effet d'un agrandissement, d'une réduction

Propriété : Lors d'un agrandissement ou d'une réduction de rapport $\boldsymbol{k}$, le volume d'un solide est multiplié par $\boldsymbol{k}^3$.

Exemples :

- Si on triple les dimensions d'un solide, son volume est multiplié par $3^3 = 27$.
- Une maquette à l'échelle $\frac{1}{5}$ a un volume égal à $\frac{1}{125}$ du volume initial.

Aide

Aire, **2** dimensions : k^2.
Volume, **3** dimensions : $\boldsymbol{k}^3$.

B À propos de la boule

Propriété : Le volume $\mathcal{V}$ d'une boule de rayon r est donnée par la formule : $\mathcal{V} = \frac{4}{3} \times \pi \times r^3$

Vocabulaire

On parle plutôt de boule lorsqu'on considère la sphère « pleine ».

2 Applications

EXO 1 **Calculer le volume du jouet de la fiche 36 (arrondi au mm³), puis en déduire celui du grand modèle (arrondi au cm³).**

Solution

- $\mathcal{V}_{\text{cône}} = \frac{1}{3} \times \pi \times 2^2 \times \sqrt{5}$

  $\mathcal{V}_{\text{cône}} = \frac{\mathbf{4\sqrt{5}}}{\mathbf{3}}\pi$
- $\mathcal{V}_{\text{cylindre}} = \pi \times 2^2 \times 3 = \mathbf{12\pi}$
- $\mathcal{V}_{\text{demi-sphère}} = \frac{1}{2} \times \frac{4}{3} \times \pi \times 2^3$

  $\mathcal{V}_{\text{demi-sphère}} = \frac{\mathbf{16\pi}}{\mathbf{3}}$
- $\mathcal{V}_{\text{jouet}} = \frac{4\sqrt{5}}{3}\pi + 12\pi + \frac{16\pi}{3}$

  $\mathcal{V}_{\text{jouet}} \approx 63{,}821 \text{ cm}^3$

- Pour les volumes également, on procède par « découpage » en solides dont on sait calculer les volumes.

Rappels :

$\mathcal{V}_{\text{cylindre}} = \pi \times r^2 \times h$

$\mathcal{V}_{\text{cône}} = \frac{1}{3} \times \pi \times r^2 \times h$

r : rayon de la base ; h : hauteur du solide.

- La hauteur du cône n'étant pas donnée, il faut la calculer en utilisant le théorème de Pythagore. Vérifier à titre d'exercice qu'elle est égale à $\sqrt{5}$.

- Le grand modèle est un agrandissement de rapport 12 du jouet. On a donc :

$\mathcal{V}_{\text{grand modèle}} = 12^3 \times \mathcal{V}_{\text{jouet}}$

$\mathcal{V}_{\text{grand modèle}} \approx 1\,728 \times 63{,}821$ soit $\mathcal{V}_{\text{grand modèle}} \approx 110\,283\ \text{cm}^3$

Privilégier les valeurs exactes (en fonction de π) et ne prendre l'arrondi qu'en fin de calcul pour plus de précision.

EXO 2 **Un ballon de football doit avoir un diamètre de 22 cm.**

1. Calculer son volume, arrondi au cm³ près.

2. Une balle de tennis a un rayon 3,4 fois plus petit que celui du ballon de football.

En déduire le volume d'une balle de tennis, arrondi au cm³ près.

Solution

1. $\mathcal{V}_{\text{ballon football}} = \frac{4}{3} \times \pi \times \left(\frac{22}{2}\right)^3$

$\mathcal{V}_{\text{ballon football}} = \frac{4}{3} \times \pi \times 11^3$

$\mathcal{V}_{\text{ballon football}} = \frac{5\,324\pi}{3}$

$\mathcal{V}_{\text{ballon football}} \approx 5\,575\ \text{cm}^3$

Attention à ne pas confondre le diamètre et le rayon. Il faut ici commencer par calculer le rayon, puisque c'est lui qui intervient dans la formule.

2. $\mathcal{V}_{\text{balle tennis}} = \left(\frac{1}{3{,}4}\right)^3 \times \mathcal{V}_{\text{ballon football}}$

$\mathcal{V}_{\text{balle tennis}} = \frac{5\,575}{39{,}304}$

$\mathcal{V}_{\text{balle tennis}} \approx 142\ \text{cm}^3$

On est dans le cas d'une réduction, avec un rapport de $\frac{1}{3{,}4}$.

Mémo'Quiz

1. Si le volume d'une boule est multiplié par 8, cela signifie que son rayon a été multiplié par :

❑ 2 ❑ 4 ❑ 8

2. Si on divise toutes les longueurs d'un solide par 10, son volume est divisé par :

❑ 10 ❑ 100 ❑ 1000

3. Le volume d'une boule de 12 cm de diamètre est :

❑ 1216π ❑ 288 π ❑ 2304π

4. Le volume d'une boule de 7 dm de rayon est d'environ :

❑ 180 dm³ ❑ 1 437 dm³ ❑ 205 dm³

➜ corrigés p. 95

© Nathan 2012 – Mes fiches ABC

Déterminer la section d'un solide de l'espace 38

☐ Lue ☐ Relue ☐ Apprise

Définition : La section d'un solide est la **surface** obtenue lorsque l'on coupe un solide par un plan.

Vocabulaire

On peut se représenter mentalement un plan comme une feuille de papier « infinie ».

A Le pavé droit

Propriété :

La section d'un pavé droit par un plan parallèle à l'une de ses faces est un rectangle identique à cette face.

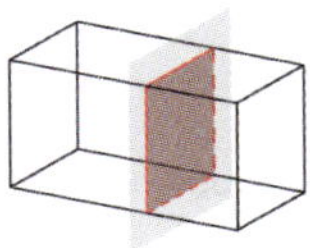

La section d'un pavé droit par un plan parallèle à l'une de ses arêtes est un rectangle.

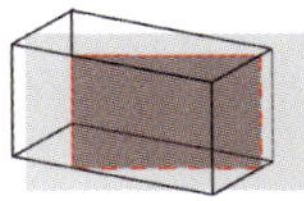

B Le cylindre

Propriété :

La section d'un cylindre par un plan parallèle à sa base est un disque de même rayon.

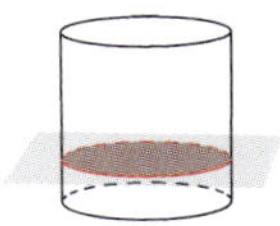

La section d'un cylindre par un plan parallèle à son axe est un rectangle.

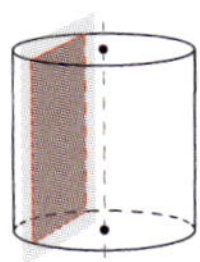

C La pyramide et le cône

Propriété :

La section d'une pyramide ou d'un cône par un plan parallèle à sa base est une réduction de sa base.

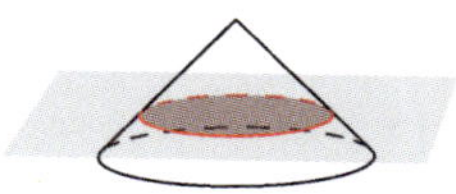

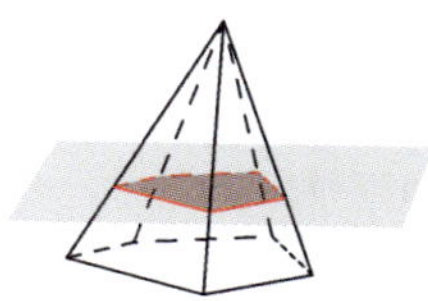

D La sphère

Propriété : La section d'une sphère par un plan est un cercle.

Remarques :

- Si le plan de coupe passe par le centre de la sphère, la section est appelée **grand cercle**.
Si le plan de coupe ne passe pas par le centre de la sphère, la section est appelée **petit cercle**.
- La droite passant par le centre de la sphère et par le centre de la section est perpendiculaire au plan.

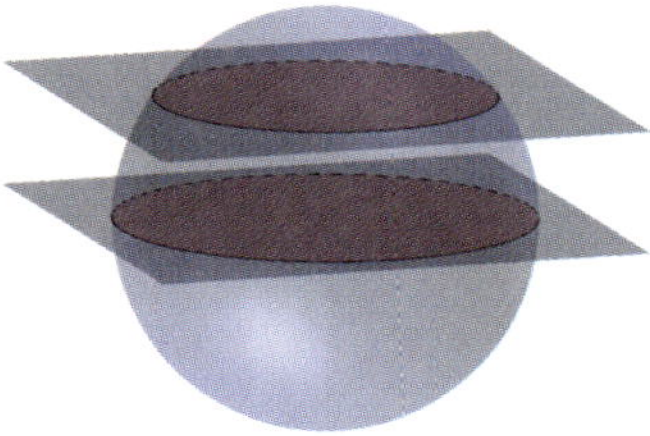

Mémo'Quiz

On pourra se servir des figures ci-dessous pour répondre aux questions suivantes :

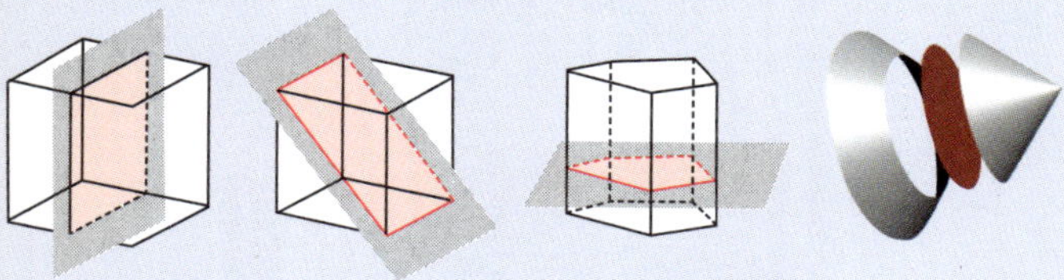

1. La section d'un cône par un plan parallèle à sa base est :

❑ un cône réduit ❑ un tronc de cône ❑ un disque

2. La section d'un cube par un plan passant par les milieux de 4 de ses arêtes est :

❑ un losange ❑ un parallélogramme ❑ un carré

3. La section d'un cube par un plan passant par deux arêtes opposées est :

❑ un carré ❑ un parallélogramme ❑ un rectangle

4. La section d'un prisme droit par un plan parallèle à sa base est :

❑ un cercle ❑ un polygone identique à la base

❑ une réduction de la base

→ corrigés p. 95

© Nathan 2012 – Mes fiches ABC

Résoudre un problème de géométrie dans l'espace

39

Lue Relue Apprise

1 De l'espace au plan

Lorsqu'on aborde un problème de géométrie dans l'espace, le but est bien souvent de calculer **le volume d'un solide**.

Pour cela, il faut connaître des longueurs, qui servent à appliquer les formules permettant de calculer les volumes des solides usuels, mais qui peuvent aussi servir à calculer un éventuel **coefficient d'agrandissement/réduction** (voir **fiche 37**).

L'essentiel des méthodes connues pour calculer les longueurs concernent **le plan**. Dans un problème de géométrie dans l'espace, **on choisit donc un plan** dans lequel on peut appliquer ces méthodes (les théorèmes de Pythagore, de Thalès ou la trigonométrie par exemple). Il faut donc aussi connaître les différentes sections des solides par un plan (voir **fiche 38**).

2 Applications

EXO 1 **Un plan coupe une sphère de centre O et de rayon 15 cm en passant par un point H tel que $OH = 9$ cm. Calculer l'aire de la section par ce plan (arrondi au cm^2).**

Solution

- La section d'une sphère par un plan est un disque.
De plus, la droite (OH) est perpendiculaire au plan, c'est-à-dire à tout rayon de ce disque.
Appelons A un point du disque : on a $(OH) \perp (HA)$.
- On se place donc dans le triangle OAH rectangle en H.
D'après le théorème de Pythagore, on a :

$OA^2 = HO^2 + HA^2$

$15^2 = 9^2 + HA^2$

$225 = 81 + HA^2$

$HA^2 = 225 - 81 = 144$

Donc : $HA = \sqrt{144} = 12$ cm

Un schéma de la situation :

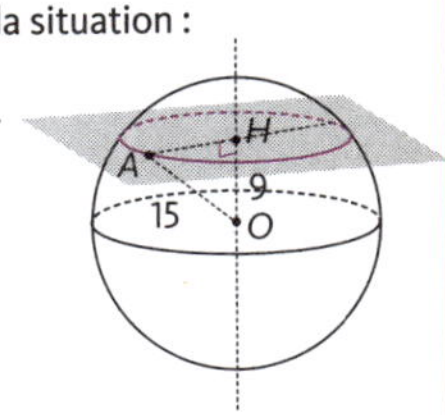

- Commencer par déterminer la **nature** de la section, puis repérer les éléments permettant de calculer son aire. Ici, c'est le rayon, puisque :
$\mathcal{A}_{disque} = \pi \times \text{rayon}^2$
- Il s'agit ensuite de trouver une configuration **plane** où calculer ce rayon. Ici, c'est un triangle rectangle, à l'aide du théorème de Pythagore.

- $\mathcal{A}_{section} = \pi \times HA^2$ $\quad \mathcal{A}_{section} = \pi \times 12^2$ $\quad \mathcal{A}_{section} = 144\pi$ $\quad \mathcal{A}_{section} \approx 452$ cm^2

EXO 2 ***SABCD*** **est une pyramide régulière, dont la base est un carré de 4 cm de côté, et de centre *O*.**
I **est le milieu de [*AB*].**
On donne également $\widehat{OIS} = 66°$.
Calculer le volume de la pyramide *SABCD*, arrondi au cm³.

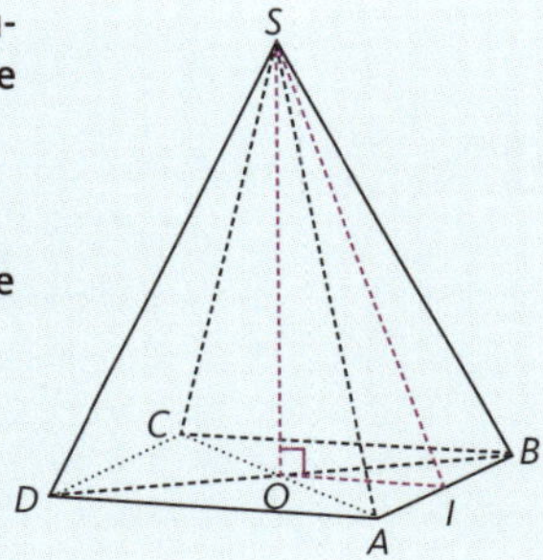

Solution

• Dans le triangle *ABD*, *I* est le milieu de [*AB*] et *O* est le milieu de [*BD*].
D'après le théorème des milieux, on a $OI = \frac{AD}{2} = 2$ cm.

• La pyramide est régulière, donc le triangle *ISO* est rectangle en *O* et on a :
$\tan \widehat{OIS} = \frac{SO}{OI}$, ou $\tan 66 = \frac{SO}{2}$
$SO = 2 \times \tan 66 \approx 4{,}5$ cm

• Volume d'une pyramide :
$\mathcal{V}_{\text{pyramide}} = \frac{1}{3} \times \mathcal{A}_{\text{base}} \times \text{hauteur}$
Il nous manque la hauteur.
• Grâce à la donnée d'un angle, on repère le triangle rectangle *ISO* où intervient cette longueur et dans lequel on peut utiliser les relations trigonométriques.
• Il manque à nouveau une longueur, *OI*, qu'on va calculer en choisissant une autre configuration plane, le triangle *ABD*.
• On calcule alors les longueurs nécessaires, puis le volume.

• $\mathcal{V}_{SABCD} = \frac{1}{3} \times AB^2 \times SO$ $\quad \mathcal{V}_{SABCD} \approx \frac{1}{3} \times 4^2 \times 4{,}5$ $\quad \mathcal{V}_{SABCD} \approx 24 \text{ cm}^3$

Mémo'Quiz

On effectue la section de la pyramide de l'exo 2 par un plan parallèle à sa base. On note *O'* le point d'intersection du plan et de la droite (*SO*). On donne *SO'* = 1,5 cm.

1. La nature de la section est un carré de centre O'. ❑ Vrai ❑ Faux
2. Par cette section, on obtient une « petite » pyramide qui est une réduction de *SABCD* de rapport $\frac{1}{3}$. ❑ Vrai ❑ Faux
3. Le volume de cette réduction est $\frac{1}{3} \times \mathcal{V}_{SABCD} \approx 8 \text{ cm}^3$. ❑ Vrai ❑ Faux

→ corrigés p. 95

© Nathan 2012 – Mes fiches ABC

Calculer la moyenne d'une série de données

40

Lue Relue Apprise

1 L'essentiel du cours

A Moyenne d'une série de données

Définition : La moyenne d'une série de données est égale à la **somme** de ces données **divisée** par l'effectif total.

Vocabulaire
L'effectif total est le nombre total de données.

Exemple : Valentine a obtenu ce trimestre en anglais : 12 ; 7 ; 14.
Sa moyenne est égale à $\frac{12+7+14}{3}=\frac{33}{3}=11$.

Remarque : La moyenne n'est pas toujours égale à l'une des données, mais elle est toujours comprise entre la valeur minimale et la valeur maximale.

B Moyenne pondérée d'une série de données

Définition : La moyenne **pondérée** d'une série de données est égale à la somme des **produits** de chaque donnée par son effectif, divisée par l'**effectif** total.

Vocabulaire
L'effectif d'une donnée est le nombre de fois qu'elle apparaît.

Exemple : On a enquêté sur le nombre d'employés de 20 boulangeries :

Nombre d'employés	2	3	4	7	9
Effectif	3	8	5	3	1

Le nombre moyen d'employés par boulangerie est égal à :

$$\frac{2\times3+3\times8+4\times5+7\times3+9\times1}{20}=\frac{80}{20}=4$$

Attention
L'effectif total est 20, et non pas 5, qui est le nombre de données différentes dans la série.

2 Applications

EXO 1 **Avec des coefficients**

Lors d'un examen, il faut avoir une moyenne supérieure ou égale à 10 pour être reçu.
Le candidat dont les notes figurent dans le tableau ci-contre est-il reçu ?

	Français	Maths	Anglais
Notes	10	7	18
Coefficient	2	3	1

Solution

$$\frac{10 \times 2 + 7 \times 3 + 18 \times 1}{2 + 3 + 1} = \frac{59}{6} \approx 9,8$$

Sa moyenne est inférieure à 10, le candidat n'est pas reçu.

Ici, les notes sont pondérées par les coefficients, il tiennent lieu d'effectifs. L'effectif total est donc la somme des coefficients.

EXO 2 **Avec des fréquences**

Ci-contre, le résultat d'une étude sur le nombre d'ordinateurs par foyer.
Calculer le nombre moyen d'ordinateurs possédé par foyer.

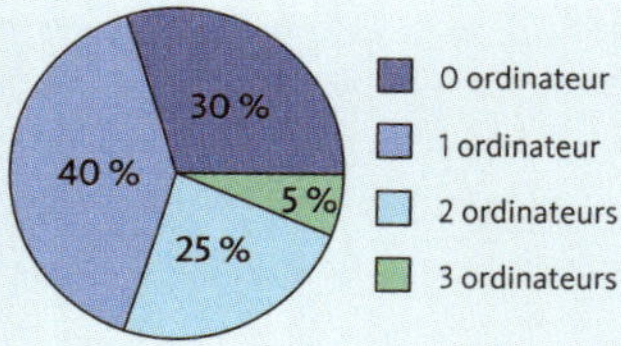

Solution

$$\frac{0 \times 30 + 1 \times 40 + 2 \times 25 + 3 \times 5}{100}$$

$$= \frac{105}{100} = 1,05$$

Chaque foyer possède en moyenne 1,05 ordinateur.

- Prendre les fréquences comme effectifs, avec un effectif total égal à 100.
- Noter que la moyenne ne donne pas toujours une valeur très significative (que signifie 1,05 ordinateur ?).

Mémo'Quiz

Le tableau ci-contre regroupe les mesures, en millimètres, effectuées dans une usine sur un échantillon de pièces métalliques.

Longueur	80	98	99	100	101
Effectif	1	5	9	25	10

1. 100 a pour effectif : ❑ 1 ❑ 25 ❑ 5

2. L'effectif total est : ❑ 101 ❑ 5 ❑ 50

3. La longueur moyenne est : ❑ 95,6 ❑ 99,42 ❑ 10

4. Si on enlève la première valeur, qui correspond certainement à une pièce défectueuse, la moyenne devient environ :

❑ 99,8 ❑ 99,5 ❑ 100

→ corrigés p. 95

© Nathan 2012 – Mes fiches ABC

Médiane et quartiles d'une série de données

41

Lue Relue Apprise

L'exemple référence :

Voici le relevé de notes de deux élèves :

Sophie	12	15	7	3	9	18	11	17	10
Ibrahim	14	11	10	13	9	13	11	12	

1 L'essentiel du cours

A L'étendue

Définition : L'étendue d'une série de données est la différence entre la plus grande et la plus petite des valeurs de la série.

Exemple :

L'étendue de la série des notes de Sophie est 18 – 3 = 15.
Celle d'Ibrahim est 14 – 9 = 5.
Cela signifie qu'Ibrahim est un élève plus régulier que Sophie.

Aide
L'étendue donne une indication sur la **dispersion** de la série : elle indique si les valeurs sont groupées ou bien étalées.

B La médiane

Définition : **La médiane** d'une série de données est une valeur qui partage l'ensemble des valeurs en deux groupes de même effectif : la moitié des plus basses et la moitié des plus hautes.

Aide
Pour déterminer la médiane, il faut ranger les données dans **l'ordre croissant**.

Exemples :

Si l'effectif total est impair, comme pour Sophie (9 valeurs) : On choisit **la** valeur qui sépare le groupe de valeurs en 2 parties égales.

4 valeurs basses : 3 7 9 10 — **11** — 4 valeurs hautes : 12 15 17 18

La médiane est 11

Si l'effectif total est pair, comme pour Ibrahim (8 valeurs) : On choisit **une** valeur qui sépare le groupe de valeurs en 2 parties égales (en général la moyenne des deux valeurs centrales).

4 valeurs basses : 9 10 11 **11** — 4 valeurs hautes : **12** 13 13 14

La médiane est $\frac{11+12}{2} = 11{,}5$.

C Les quartiles

Définition : Le **1er quartile** (noté Q_1) est la valeur telle qu'**au moins 25 %** (un quart) des valeurs soient inférieures ou égales à Q_1.

Le **3e quartile** (noté Q_3) est la valeur telle qu'au moins **75 %** (trois quarts) des valeurs soient inférieures ou égales à Q_3.

On peut résumer par le schéma suivant, pour les séries classées par ordre croissant :

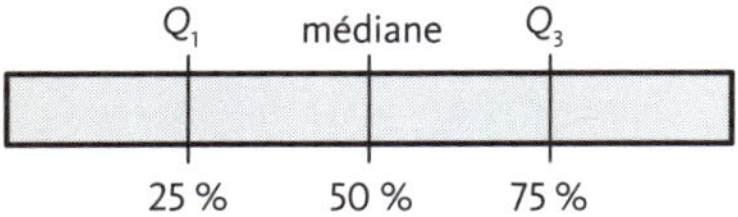

Aide

Contrairement à la médiane, les quartiles sont des valeurs de la série. Ils sont en quelque sorte les médianes des deux moitiés de valeurs.

Remarque : Il faut donc commencer par calculer à combien de données ces pourcentages correspondent, c'est-à-dire à quel **rang** (dans l'ordre croissant toujours) se situent ces quartiles et médiane.

Exemples :

Ibrahim : $\frac{1}{4} \times 8 = 2$. Q_1 est donc la 2e valeur : $Q_1 = 10$.

$\frac{3}{4} \times 8 = 6$. Q_3 est donc la 6e valeur : $Q_3 = 13$.

Sophie : $\frac{1}{4} \times 9 = 2{,}25$. Q_1 est donc la 3e valeur : $Q_1 = 9$.

$\frac{3}{4} \times 9 = 6{,}75$. Q_3 est donc la 7e valeur : $Q_3 = 15$.

Attention

Il ne faut surtout pas confondre le **rang** (dans l'ordre croissant) de la donnée et sa valeur !

Remarque : Lorsque les effectifs sont importants, et que les valeurs sont regroupées dans un tableau, il est souvent utile de rajouter une ligne des **effectifs cumulés**.

Mémo'Quiz

1. **L'étendue d'une série est une valeur de cette série.** ❑ Vrai ❑ Faux
2. **La moitié des valeurs d'une série est comprise entre le 1er et le 3e quartile.** ❑ Vrai ❑ Faux
3. **Dans une série de 15 données, la médiane est la 8e.** ❑ Vrai ❑ Faux
4. **Dans une série de 24 données, la médiane est la 12e.** ❑ Vrai ❑ Faux
5. **Le 3e quartile est le triple du 1er quartile.** ❑ Vrai ❑ Faux

→ corrigés p. 95

© Nathan 2012 – Mes fiches ABC

Calculer des probabilités (1) Cas d'un jeu truqué

42

Lue Relue Apprise

1 L'essentiel du cours

A Qu'est-ce qu'une probabilité ?

Vocabulaire :
Dans un exercice de probabilités, on peut rencontrer le vocabulaire suivant :

- **expérience aléatoire :** c'est la situation concrète qui est étudiée. Exemples : le lancer de dé ou d'une pièce de monnaie, le tirage du Loto.
- **événement :** c'est quelque chose qui peut se réaliser (ou pas) à l'issue de l'expérience. Exemples : obtenir un nombre pair au lancer d'un dé, faire pile au lancer d'une pièce de monnaie.
On note souvent un événement par une lettre majuscule.
Exemple : événement A : « La pièce tombe sur face ».
- **événement élémentaire :** Dans une expérience aléatoire, on appelle événement élémentaire un événement qui est réalisé dans un seul cas.
Exemples : Si on lance un dé, les événements A : « Faire un 4 » ou B : « Faire un 2 » sont des événements élémentaires.
Par contre, l'événement C : « Faire un nombre pair » n'est pas un événement élémentaire, car cet événement se réalise lorsque le dé tombe sur un 2, un 4 ou un 6.

Définition : La probabilité d'un événement est **un nombre compris entre 0 et 1** qui mesure la « chance » que cet événement a de se réaliser.
La probabilité d'un événement A est notée $p(\text{A})$.
- La probabilité d'un événement **impossible** est égale **0**.
- La probabilité d'un événement **certain** est égale **1**.

Exemples : Un événement ayant une probabilité de 0,97 a de très grandes chances de se réaliser. Un événement ayant une probabilité de 0,01 a très peu de chances de se réaliser.

B Jeu honnête ou jeu truqué ?

C'est la toute première chose qu'il faut déterminer. Un jeu truqué est une expérience aléatoire où une possibilité est matériellement privilégiée par rapport à une autre (un dé dont une face a été alourdie, par exemple). On le signalera dans l'énoncé par les mots « truqué » ou « pipé » (pour un dé). Dans le cas d'un jeu honnête, on parlera par exemple d'un tirage « au hasard ».

C Calcul des probabilités

Ce qui suit est valable tout le temps, que le jeu soit honnête ou truqué.

Propriété : La **somme** des probabilités des événements élémentaires vaut toujours **1**.

Exemple : Considérons une pièce de monnaie truquée, dont la probabilité de tomber sur pile est 0,7. Il n'y a que deux événements élémentaires : « tomber sur pile » et « tomber sur face ». La probabilité de tomber sur face est alors égale à 1 – 0,7, donc 0,3.

Aide

Dans le cas d'un jeu truqué, cette propriété est la **seule** que l'on peut utiliser.

2 Application : cas d'un jeu truqué

EXO 1 **On considère un dé à 6 faces qui a été pipé. On donne le tableau des probabilités d'apparition de chaque face.**

Face	1	2	3	4	5	6
Probabilité	0,1	0,2	?	0,1	0,1	0,1

Calculer la probabilité des événements E : « Le dé tombe sur le 3 » et F : « Le dé tombe sur un nombe impair ».

Solution

La somme des probabilités des événements élémentaires vaut 1. Donc :
$0,1 + 0,2 + p(E) + 0,1 + 0,1 + 0,1 = 1$, d'où $p(E) + 0,6 = 1$, et donc $p(E) = 0,4$.
L'événement F est réalisé quand le dé tombe sur la face 1, 3 ou 5. Il faut donc ajouter les probabilités de chaque face :
$p(F) = 0,1 + 0,4 + 0,1 = 0,6$.

- On peut s'imaginer que la probabilité de 1 est distribuée (ici non équitablement) entre tous les événements élémentaires.
- Penser ainsi à décomposer un événement en événements élementaires.

Mémo'Quiz

Une pièce de monnaie a été truquée pour tomber sur pile trois fois plus souvent que sur face. On appelle P l'événement « tomber sur pile » et F l'événement « tomber sur face ».

1. $p(P) + p(F) = 1$ ❑ Vrai ❑ Faux
2. $p(F) = 3 \times p(P)$ ❑ Vrai ❑ Faux
3. $p(P) = 3 \times p(F)$ ❑ Vrai ❑ Faux
4. $p(P) = 0,75$ et $p(F) = 0,25$ ❑ Vrai ❑ Faux

→ corrigés p. 95

© Nathan 2012 – Mes fiches ABC

Calculer des probabilités (2) Cas d'un jeu honnête

43

Lue Relue Apprise

1 L'essentiel du cours

Tout ce qui a été dit dans la fiche 42 reste valable. Une situation de jeu honnête ne fait que rajouter une nouvelle manière de calculer une probabilité.

A Calcul d'une probabilité dans le cas d'un jeu honnête

Vocabulaire : On appelle cas **favorables** d'un événement les différents cas qui réalisent cet événement.

Exemple : Si on lance un dé à 6 faces, l'événement E : « tomber sur un nombre pair » possède 3 cas favorables, qui sont : tomber sur un 2, tomber sur un 4, tomber sur un 6.

Remarque : Un événement élémentaire a toujours un seul cas favorable.

Propriété : Lorsqu'un jeu est honnête, la probabilité d'un événement A se calcule par :

$$p(\text{A}) = \frac{\text{nombre de cas favorables}}{\text{nombre de cas possibles}}$$

Exemples : On considère le lancer d'un dé à 6 faces. Le dé est bien équilibré.
La probabilité de l'événement E : « tomber sur un nombre pair » est donc

$$p(\text{E}) = \frac{\text{nombre de cas favorables}}{\text{nombre de cas possibles}} = \frac{3}{6} = \frac{1}{2}$$

Vocabulaire

Dire que le dé est « bien équilibré » garantit que le jeu est honnête.

2 Applications

EXO 1 **À un stand de fête foraine, une roue permet de gagner la somme en € inscrite sur chaque secteur.**
Chaque secteur a la même taille.
1. Calculer la probabilité de l'événement A : « On gagne 0 € ».
2. Calculer la probabilité de l'événement B : « On gagne 2 € ».
3. Calculer la probabilité de l'événement C : « On gagne au moins 2 € ».

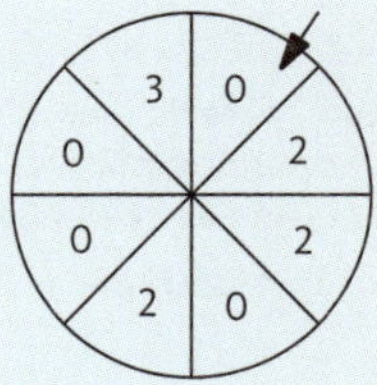

Solution

1. Cette roue est divisée en 8 secteurs de taille équivalente. Parmi eux, 4 secteurs sont marqués « 0 € ».

$$p(A) = \frac{\text{nombre de cas favorables}}{\text{nombre de cas possibles}} = \frac{4}{8} = 0{,}5$$

La probabilité de gagner 0 € est donc de 0,5.

2. 3 secteurs permettent de gagner 2 €. Donc

$$p(B) = \frac{\text{nombre de cas favorables}}{\text{nombre de cas possibles}} = \frac{3}{8} = 0{,}375$$

La probabilité de gagner 2 € est donc de 0,375.

- On commence ici par comptabiliser le nombre de cas possibles : il y a 8 secteurs dans la roue, il y aura donc 8 cas possibles. On compte ensuite le nombre de cas favorables à l'événement étudié : ici, il y a 4 cas. Penser à écrire la formule avant de l'appliquer.
- Une probabilité peut se donner sous forme décimale (toujours un nombre compris entre 0 et 1) ou bien sous forme fractionnaire.
- Faire très attention à bien comprendre les formulations du genre « au moins », « au plus ». Il ne reste ensuite qu'à compter le nombre de cas favorables.

3. Gagner au moins 2 € signifie gagner 2 € ou 3 € : cela correspond donc à 4 secteurs.

$$p(C) = \frac{\text{nombre de cas favorables}}{\text{nombre de cas possibles}} = \frac{4}{8} = 0{,}5$$

La probabilité de gagner au moins 2 € est donc de 0,5.

Mémo'Quiz

On met dans une urne les étiquettes suivantes : J E A N N E
On pioche au hasard une de ces étiquettes.

1. La probabilité de l'événement « Piocher un N » est :

❑ $\frac{1}{6}$ ❑ $\frac{2}{6}$ ❑ 0,2

2. La probabilité de l'événement « Piocher un K » est :

❑ 0 ❑ 1 ❑ incalculable

3. La probabilité de l'événement « Piocher une voyelle » est :

❑ $\frac{2}{6}$ ❑ 1 ❑ 0,5

4. La probabilité de l'événement « Piocher une lettre de l'alphabet » est :

❑ 0 ❑ 1 ❑ incalculable

→ corrigés p. 95

© Nathan 2012 – Mes fiches ABC

Calculer une augmentation ou diminution en pourcentage 44

Lue Relue Apprise

1 L'essentiel du cours

A Augmentation et diminution en pourcentage

Propriétés :

- **Augmenter** un nombre de $p\%$ revient à le multiplier par $1 + \frac{p}{100}$
- **Diminuer** un nombre de $p\%$ revient à le multiplier par $1 - \frac{p}{100}$

Exemples :

- Augmentons le nombre 175 de 20 %.
Augmenter un nombre de 20 % revient à le multiplier par
$1 + \frac{20}{100} = 1 + 0{,}2 = 1{,}2$
Il suffit donc de multiplier le nombre 175 par 1,2.
$175 \times 1{,}2 = 210$. Donc le nombre 175 augmenté de 20 % vaut 210.
- Diminuons le nombre 175 de 40 %.
Diminuer un nombre de 40 % revient à le multiplier par
$1 - \frac{40}{100} = 1 - 0{,}4 = 0{,}6$
Il suffit donc de multiplier le nombre 175 par 0,6.
$175 \times 0{,}6 = 105$. Donc le nombre 175 diminué de 40 % vaut 105.

B Les pièges classiques sur les pourcentages

- **Les pourcentages ne s'ajoutent pas.** Que devient un nombre lorsqu'on l'augmente de 20 %, puis de 30 % ?
D'après ce qui précède, ceci revient à le multiplier par 1,2 puis par 1,3.
Or $1{,}2 \times 1{,}3 = 1{,}56$. Multiplier un nombre par 1,56 revient à l'augmenter de 56 %.
Finalement, augmenter de 20 %, puis de 30 % revient à augmenter de 56 %, et non de 50 % comme on pourrait s'y attendre.

Aide

20 % et 30 % ne sont pas des pourcentages du même nombre, car il a augmenté entre-temps.

- **Les pourcentages ne se compensent pas.** De la même manière, on montre qu'une augmentation de 30 % suivie d'une diminution de 30 % correspond à une diminution de 9 % (car $1{,}3 \times 0{,}7 = 0{,}91$).
Finalement, augmenter de 30 %, puis diminuer de 30 % revient à le diminuer de 9 %, et ne redonne pas le nombre de départ, comme on pourrait s'y attendre.

2 Applications

EXO 1 **1. Donner la multiplication correspondant à une diminution de 45 %.**
2. Donner la diminution ou l'augmentation en pourcentage qui correspond à une multiplication par 0,2.

Solution

1. $1 - \frac{45}{100} = 1 - 0{,}45 = 0{,}55$

donc $-45\ \% \leftrightarrow \times\, 0{,}55$

2. $0{,}2 = 1 - \frac{80}{100}$

donc $\times\, 0{,}2 \leftrightarrow -80\ \%$

- Ne pas oublier que multiplier par un nombre supérieur à 1 rend plus grand.
- Par contre, multiplier par un nombre compris entre 0 et 1 rend plus petit.
- Observer ce qui a été rajouté ou enlevé à 1 : c'est ce qui donnera le pourcentage d'augmentation ou de diminution.

EXO 2 **Je place un capital de 1000 € sur un compte qui promet 4 % d'intérêts par an. Quel sera mon capital dans 10 ans ?**

Solution

Chaque année, mon capital augmente de 4 % : il est donc multiplié par 1,04. Au bout de 10 ans, il est donc de :

$$1000 \times \overbrace{1{,}04 \times \cdots \times 1{,}04}^{10 \text{ fois}}$$
$$= 1000 \times 1{,}04^{10} \approx 1480\ €$$

- Les intérêts sont une somme versée tous les ans qui vient s'ajouter au capital, et donc augmenter celui-ci.
- Au bout de n années, le capital serait donné par la formule $1000 \times 1{,}04^n$

Mémo'Quiz

1. Augmenter un nombre de 200 % revient à le multiplier par :

❑ 2 ❑ 3 ❑ 1,2

2. Augmenter un nombre de 15 % puis de 30 % revient à l'augmenter de :

❑ 49,5 % ❑ 45 % ❑ 495 %

→ corrigés p. 95

© Nathan 2012 – Mes fiches ABC

Calculer une vitesse moyenne

45

Lue Relue Apprise

1 L'essentiel du cours

A Comprendre les grandeurs-quotients

Définition : Lorsqu'on divise deux unités de mesure différentes, on obtient une nouvelle unité appelée **grandeur-quotient**. Par exemple, l'unité de vitesse « kilomètres/heure » correspond à une unité de longueur (les kilomètres) divisée par une unité de temps (l'heure).

● **Notation :** une unité comme les kilomètres/heure peut se noter de trois manières différentes : km/h, ou $\frac{\text{km}}{\text{h}}$ ou encore km.h^{-1}

Remarque : Ne pas oublier que la notation h^{-1} signifie $\frac{1}{h}$.

B Calculer une vitesse moyenne

Définition : La vitesse moyenne V d'un objet en mouvement se calcule par la formule : $V = \frac{\text{distance parcourue}}{\text{durée du trajet}}$

L'unité de la vitesse sera la grandeur-quotient obtenue en divisant l'unité de la distance par l'unité de la durée.

Exemples : Considérons un cycliste ayant parcouru 9 km en 15 min.

Sa vitesse moyenne V se calcule donc par

$V = \frac{9\text{ km}}{15\text{ min}} = \frac{9}{15}\frac{\text{km}}{\text{min}} = 0{,}6\text{ km/min}$

C Convertir des grandeurs-quotients

Méthode : Pour changer d'unité une grandeur-quotient, il faut revenir à l'écriture de l'unité sous forme de fraction, et procéder aux conversions entre unités.

Exemple : Convertissons 0,6 km/min en km/h.

0,6 km/min signifie qu'on parcourt 0,6 km en 1 min.

Donc cette vitesse s'écrit $\frac{0{,}6\text{ km}}{1\text{ min}}$. Pour obtenir 1 heure au dénominateur, il faut avoir 60 min. On multiplie donc le numérateur et le dénominateur par 60.

Donc $\frac{0{,}6\text{ km}}{1\text{ min}} = \frac{60 \times 0{,}6\text{ km}}{60 \times 1\text{ min}} = \frac{36\text{ km}}{60\text{ min}} = \frac{36\text{ km}}{1\text{ h}} = 36\text{ km/h}$

Donc 0,6 km/min = 36 km/h

Aide

Il est parfois utile d'utiliser un tableau de proportionnalité.

2 Applications

EXO 1 **Convertir en m/s (mètres par seconde) les vitesses suivantes :**
1. 180 m/min 2. 5,4 km/h

Solutions

1. $180 \text{ m/min} = \dfrac{180 \text{ m}}{1 \text{ min}} = \dfrac{180 \text{ m}}{60 \text{ s}}$
$= \dfrac{180}{60} \dfrac{\text{m}}{\text{s}} = 3 \text{ m/s}$

2. $5{,}4 \text{ km/h} = \dfrac{5{,}4 \text{ km}}{1 \text{ h}} = \dfrac{5{,}4 \times 1\,000 \text{ m}}{3\,600 \text{ s}}$
$= \dfrac{5\,400}{3\,600} \dfrac{\text{m}}{\text{s}} = 1{,}5 \text{ m/s}$

- Les conversions 1 min = 60 s et 1 h = 3600 s sont à savoir par coeur : elles interviennent dans de nombreuses situations.
- Penser à observer d'un œil critique les résultats obtenus : la vitesse 5,4 km/h est une vitesse faible : sa conversion en m/s doit aussi être une vitesse faible.

EXO 2 **L'avion Concorde parcourait les 6 000 km séparant Paris et New York en 3 h 15 min.**
Quelle était la vitesse moyenne du Concorde ?

Solutions

Exprimons en km/h la vitesse *V* du Concorde : 3 h 15 min = 3 × 60 + 15 = 195 min
Exprimons 195 min en heures. On divise donc par 60.

195 ÷ 60 = 3,25 h

donc $V = \dfrac{\text{distance}}{\text{durée}} = \dfrac{6\,000 \text{ km}}{3{,}25 \text{ h}} \approx 1\,846 \text{ km/h}$

- Une erreur très classique est de dire que 3 h 15 min = 3,15 h. Ceci est faux car il faut 60 min et non 100 min pour faire 1 h.
- On convertit les minutes en heures, en divisant par 60. On arrondit le résultat à l'unité près.

Mémo'Quiz

1. **Un train parcourant 630 km en 3 h 30 min roule à la vitesse moyenne de :**

❏ 157 km/h environ ❏ 180 km/h ❏ 230 km/h

2. **Un sprinter courant le 100 mètres en 10 secondes court à la vitesse moyenne de :**

❏ 36 km/h ❏ 3,6 m/s ❏ 10 km/h

3. **Un avion volant à 800 km/h parcourt 2 600 km en :**

❏ 3 h 25 min ❏ 3 h 50 min ❏ 3 h 15 min

→ corrigés p. 95

© Nathan 2012 – Mes fiches ABC

Corrigés

2. 1. V **2.** F, ce n'est nécessaire que pour additionner ou soutraire. **3.** V **4.** F, elle vaut $\frac{43}{7}$. **5.** F, il vaut $\frac{6}{5}$.

3. 1. 4^5 **2.** 15^2 **3.** -1 **4.** 189

4. 1. V **2.** F **3.** F, c'est un nombre trop petit. **4.** F, elle vaut $1{,}354 \times 10^{-12}$

5. 1. $3x - 15$ **2.** $-10x + 5$ **3.** $3t^2 - 14t - 5$ **4.** $-z^2 - 3z + 10$ **5.** -1

6. 1. V **2.** F, $-3(x + 7)$ **3.** V **4.** V **5.** F, $(3x - 5)(5x + 2)$

7. 1. $10x$ **2.** $9x^2$ **3.** – et + **4.** $2x$ **5.** 6

8. 1. F, 9 est un diviseur de 45. **2.** F, leur PGCD est 18. **3.** V **4.** V **5.** F, leur PGCD est 13.

9. 1. V **2.** V, $\frac{210}{15} \times \frac{135}{15} = 126$ **3.** V, mais les carreaux n'auraient pas été de taille maximale.

10. 1. $\approx 4{,}2$ **2.** n'existe pas **3.** -2 **4.** $\sqrt{12}$ **5.** 18

11. 1. V **2.** F, $5\sqrt{3}$ **3.** F, $\sqrt{14}$ n'est pas simplifiable. **4.** V **5.** F, $\sqrt{726} = 11\sqrt{6}$

12. 1. $5\sqrt{5}$ **2.** $3\sqrt{5}$ **3.** $\sqrt{3}$ **4.** $7 - 4\sqrt{3}$ **5.** égal à -1, donc aussi un nombre entier !

13. 1. 4 **2.** 5 et -5 **3.** $\frac{13}{3}$

14. 1. F, les solutions sont $\frac{1}{4}$ et $\frac{-3}{2}$ **2.** V, cela donne $(x + 2)(-2 + x)$ **3.** V **4.** F, les solutions sont $\frac{4}{3}$ et -2.

15. 1. $\sqrt{20}$ et $-\sqrt{20}$, ou bien $2\sqrt{5}$ et $-2\sqrt{5}$ **2.** $x^2 = 16$ **3.** 1 et -3

16. 1. V **2.** F, car $-3 \times (-2) = 6$ **3.** F **4.** V **5.** V

17. 1. V **2.** F, c'est $\left(\frac{8}{7} ; -\frac{12}{7}\right)$ **3.** V

18. 1. F, il faut soustraire. **2.** V **3.** V **4.** F, il faut les additionner.

19. 1. $3x - 5 = 46$ **2.** $\frac{x}{2} + 1 = 2x$ **3.** $\begin{cases} 2z + f = 300 \\ 3z + 5f = 640 \end{cases}$

20. 1. V **2.** F, l'image de 0 par g est 2. **3.** F, $p(7) = -28$

21. 1. V **2.** F, il en a 2. **3.** F, un antécédent de 3 est 2. **4.** V

22. 1. V **2.** F, positif **3.** F **4.** V

23. 1. V **2.** F, car la droite descend. **3.** F **4.** V

24. 1. $\frac{3}{5}x$ **2.** P(2 ; –6) **3.** $x \mapsto -2x$

25. 1. V **2.** F, elle vaut 5 **3.** V **4.** V

26. 1. V **2.** F **3.** V

27. 1. F, $\frac{TL}{TH} = \frac{TE}{TA} = \frac{LE}{HA}$ **2.** F, $\frac{TS}{TE} = \frac{TM}{TL} = \frac{SM}{LE}$ **3.** V **4.** V **5.** F, LE = 14

28. 1. F, il faut comparer par exemple $\frac{KI}{KL}$ et $\frac{KJ}{KN}$. **2.** V **3.** V **4.** F

29. **1.** $\sqrt{2}$ cm **2.** $\sqrt{41}$ cm **3.** environ 7 cm **4.** $\sqrt{3}$ cm

30. **1.** isocèle **2.** rectangle **3.** 9-12-15

31. **1.** 60° **2.** 45° **3.** environ 28°

32. **1.** $\frac{CH}{AH}$ **2.** $\frac{CH}{\tan(37)}$ **3.** $BC = AB \times \sin(37)$

33. **1.** ni l'un ni l'autre **2.** au centre **3.** $\widehat{BDC}$ **4.** 25° **5.** 80°

34. **1.** F, il n'est pas inscrit dans le cercle. **2.** V **3.** F, aucun de ses côtés n'est un diamètre du cercle. **4.** V

35. **1.** 60° **2.** 144° **3.** 12 côtés

36. **1.** 9 **2.** 16 **3.** 576 π **4.** 510 millions de km^2

37. **1.** 2 **2.** 1 000 **3.** 288π **4.** 1 437 dm^3

38. **1.** un disque **2.** un carré, donc les 3 réponses sont bonnes ! **3.** un rectangle, donc un parallélogramme aussi. **4.** un polygone identique à sa base.

39. **1.** V **2.** V **3.** F, c'est $\left(\frac{1}{3}\right)^3 \times \mathcal{V}_{SABCD}$

40. **1.** 25 **2.** 50 **3.** 99,42 **4.** 99,8

41. **1.** F **2.** V **3.** V **4.** F, elle est comprise entre la 12e et la 13e. **5.** F

42. **1.** V **2.** F **3.** V **4.** V

43. **1.** $\frac{2}{6}$ **2.** 0 **3.** 0,5 **4.** 1

44. **1.** 3 **2.** 49,5 %

45. **1.** 180 km/h **2.** 36 km/h **3.** 3 h 15 min

Réalisation éditoriale : Raphaëlle Mourey, Rémi Gancel, assistés de Béatrice Käser
Conception graphique intérieure : Julie Lannes
Composition : Linéale
Couverture : Noir & Blanc

N° d'éditeur : 10214721 LINEALE Mai 2015
Imprimé en France par Loire Offset Titoulet

© Nathan 2012 – Mes fiches ABC